LE FEU
DES ABYSSES

Roger Hekinian

Nicolas Binard

LE FEU
DES ABYSSES

Éditions Quæ

Éditions Quæ
RD 10
F-78026 Versailles

Préface

La Terre : « planète Océan » ! Nous commençons à peine à le réaliser. Notre horizon est encore pour l'essentiel confiné aux terres émergées et, durant l'été, à la mer qui couvre nos plages. Sans doute les passionnés d'histoire ou de légendes savent-ils que des régions maintenant inondées s'étendaient au-delà de nos rivages dans les temps préhistoriques, lorsque les glaciers avaient stocké une partie de l'eau de mer sur nos terres. Le déluge de la Bible et de nombreux autres mini-déluges comme celui de la ville d'Ys ont gardé le souvenir de cette montée des eaux qui a chassé nos ancêtres des terres qu'ils pensaient avoir colonisées de manière définitive.

Mais, pour beaucoup d'entre nous, la terre qui disparaît sous l'eau du rivage est le prolongement de celle sur laquelle nous vivons. Nous savons aujourd'hui que si ceci est vrai lorsque la profondeur reste inférieure à 2 000 ou 3 000 mètres, les bassins plus profonds que sont les abysses couvrant 60 % de la surface de notre planète sont radicalement différents des continents sur lesquels nous vivons. Il a fallu, comme le disait le géologue canadien Tuzo Wilson, que l'homme se décide à regarder au-delà du « pont » du bateau sur lequel il vogue pour découvrir que les continents étaient entourés par un monde tout autre, un monde volcanique, minéral, sans végétaux, noyé dans une obscurité totale. L'aventure qu'a représentée cette exploration de la « planète Océan » est très récente et s'inscrit pour l'essentiel dans les cinquante dernières années. Elle a été le fait de quelques géologues qui ont consacré leur vie à cette enquête difficile réclamant beaucoup de patience, de persévérance et parfois de courage tout court. Les auteurs de ce livre en font partie.

Car les fonds océaniques se cachent sous un autre monde, celui que Jacques-Yves Cousteau appelait le « monde du silence », un monde liquide, hostile à la pénétration humaine et qui se défend contre toute intrusion. Il n'était pas facile d'explorer ces abysses à partir de la surface, en se servant d'outils de prélèvement au bout de milliers de mètres de câble, puis d'ondes acoustiques et enfin de submersibles et de différents engins tractés ou autonomes. La seconde guerre mondiale fut à l'origine d'un formidable développement des moyens d'exploration dû à la guerre sous-marine. L'*US Navy* développa alors des liens étroits avec des scientifiques spécialistes de l'océan qu'elle avait recrutés. Elle continua à financer leurs recherches après la guerre. L'un de ceux-ci, Maurice Ewing, avait fondé le *Lamont Geological Observatory* (aujourd'hui *Lamont Doherty Geological Observatory*) qui joua un rôle clef dans la formidable aventure de l'exploration des fonds océaniques. C'est là que je fis la connaissance du premier auteur de cet ouvrage, Roger Hekinian, dans les années 1960. Tous les deux, nous allions participer à l'aventure de la création du Centre océanologique de

Bretagne où Roger travaille depuis. Il me semble que l'on peut dire que ce livre est comme le fruit privilégié, venu à l'automne de cette longue vie de travail de recherche acharné.

Car Roger est un passionné, un passionné de l'exploration scientifique des fonds de l'océan. Il s'y consacre depuis plus de quarante ans, mais non par goût de la mer. Celle-ci n'est pour lui que le passage obligé pour rejoindre son objet d'étude. Et il n'apprécie que modérément ce qu'elle lui fait subir à bord des navires et sous-marins. Mais il a une véritable histoire d'amour avec les roches volcaniques qui génèrent la croûte océanique et fabriquent ces paysages étranges qu'aucun être n'avait jamais contemplés avant que l'homme n'introduise la lumière dans les épaisses ténèbres qui les enveloppent en permanence.

Pour saisir un peu la force de cette passion de Roger pour ces roches, il faut l'avoir vu à la descente du submersible se précipiter sur le panier d'échantillons et saisir les roches une à une pour les faire parler. Car elles lui parlent. Elles lui racontent leur histoire. Elles lui disent comment elles sont nées, d'abord comme quelques perles de lave enserrées dans leur matrice mantellique, à quelques 60 kilomètres de profondeur dans la Terre, des perles qui se sont progressivement agglomérées puis qui ont atteint le premier réservoir, la chambre magmatique, véritable raffinerie où se préparent les laves qui vont former ce que l'on appelle la croûte océanique. Certaines seront expulsées de la chambre, lors des éruptions volcaniques, et donneront au contact de l'eau de mer ces formes étranges et souvent spectaculaires dont ce livre présente non seulement de magnifiques et très rares photos, mais nous apprend à lire l'histoire de leur formation. D'autres refroidiront plus lentement en profondeur, formant la partie profonde de la croûte qui ne pourra être observée que dans certaines grandes cassures.

Je suis personnellement très sensible à l'aspect dramatique et à l'étrange beauté de ces paysages volcaniques sous-marins, résultant de l'affrontement spectaculaire entre le feu jaillissant de l'intérieur de la Terre et l'eau des grandes profondeurs, noces violentes qui président depuis l'aube des temps géologiques à la formation de la nouvelle pellicule terrestre. J'ai eu la chance de faire la première plongée scientifique dans le rift Atlantique durant le programme FAMOUS et les souvenirs de cette plongée restent pour moi, 34 ans plus tard, un moment d'une intensité inoubliable. Mais je ne voudrais pas que le lecteur se méprenne sur ce livre. Il s'agit bien d'un livre scientifique qui fait le point de l'état actuel de nos connaissances sur ce milieu fascinant en le documentant avec un ensemble étonnant de photos, en grande partie inédites. Je le recommande à la fois comme un document scientifique pointu, un manuel d'initiation au volcanisme sous-marin, et un parcours dans le monde étrange des abysses. Les lecteurs apprécieront les nombreuses illustrations très pédagogiques, les cartes, le glossaire très complet et le texte précis qui « colle », grâce aux photos du fond qu'il commente, à la réalité du terrain.

Les auteurs réalisent ce dont j'ai souvent rêvé mais que je n'ai jamais mené à bien, un parcours sur les grands fonds à travers un océan, en commençant avec la naissance de la croûte, à l'axe des dorsales, et en suivant l'histoire de son vieillissement et de son approfondissement au fur et à mesure qu'elle s'enfonce, suite au refroidissement de la lithosphère nouvellement formée à laquelle elle appartient. Ce parcours débute à l'axe où se forment les nouveaux fonds marins, examine une faille transformante, cette grande cassure tectonique qui expose les roches les plus profondes de l'intérieur de la croûte et du manteau sous-jacent, puis explore les volcans des flancs, témoins du volcanisme tardif, avant de nous entraîner dans le monde impressionnant des immenses volcans produits par les points chauds qui ont formé les montagnes les plus hautes de notre globe, telle celle de Hawaii.

Je souhaite que le lecteur trouve dans ce livre autant de plaisir que j'en ai eu à le découvrir. Je souhaite tout particulièrement que ceux qui ont pour tâche d'initier des élèves ou des étudiants à la géographie et la géologie de la « planète Océan » profitent pleinement de ce remarquable outil pédagogique.

Xavier Le Pichon, membre de l'Académie des sciences
Professeur de géodynamique au Collège de France

Avant-propos

Sur Terre, comme sur les autres planètes, le volcanisme et les phénomènes associés sont l'expression en surface des grands mécanismes de transfert de chaleur par lesquels la planète évolue. Cette activité est en très grande partie due à la chaleur interne produite par la désintégration radioactive d'éléments à longue vie tels que le potassium, l'uranium ou le thorium. La dissipation épisodique de masses magmatiques et d'énergie dans la lithosphère, l'hydrosphère, la biosphère et l'atmosphère est contrôlée par de très nombreux processus. Ces derniers sont à l'origine de la genèse des croûtes océanique et continentale, de la production d'énergie géothermique, de la formation de dépôts minéraux, et d'échanges thermiques permanents entre la lithosphère et les eaux océaniques.

Les fonds marins regroupent le plus grand nombre de volcans qui soit à la surface du globe, essentiellement sur les dorsales et aux points chauds. Le volcanisme sous-marin est lié à l'interaction de nombreux facteurs dont l'intense fracturation tectonique de la lithosphère. Ainsi, trois domaines sont favorables à l'apparition du volcanisme océanique :
– les sites tectoniques actifs représentés par les dorsales océaniques ;
– les lignes de faiblesse préexistantes induites lors de la formation de la lithosphère, telles les failles transformantes ;
– les hétérogénéités thermiques du manteau, matérialisées en surface par les points chauds.

Ce volcanisme est une des conséquences de l'évolution physique et chimique de la Terre, qui consiste en un transfert permanent de matière et d'énergie entre les enveloppes internes et externes. Chaque épanchement de lave, par exemple, aussi modeste soit-il, contribue au dégazage du manteau en libérant des corps volatils, tels que l'hydrogène, le gaz carbonique, le méthane ou les gaz rares, qui se retrouvent dans l'atmosphère ou bien se dissolvent lentement dans l'eau de mer.

Le magmatisme des fonds océaniques contribue, au travers de la circulation hydrothermale, à la formation de minerais (fer, cuivre, zinc, cobalt, nickel, manganèse, etc.). Analogues aux minerais de cuivre que les Romains et d'autres avant eux exploitaient à Chypre, les dépôts métallifères actuels témoignent de la répétition et de la pérennité des processus volcaniques au cours des temps géologiques.

Enfin, la chaleur et les sels minéraux apportés par le magmatisme sous-marin, et transportés par les fluides hydrothermaux, créent au fond des océans des creusets propices au développement de la vie. Sous des pressions titanesques et par des températures infernales, la vie des abysses, qui n'a besoin ni d'oxygène ni de lumière pour apparaître, est sujet d'étude pour de nombreux bactériologistes et biologistes marins.

En 1973 et 1974, le projet FAMOUS (French American Mid-Ocean Undersea Survey) marquait le début de l'exploration du volcanisme océanique, grâce à l'utilisation des engins submersibles habités. Depuis cette première dans l'histoire des sciences géologiques, de très nombreuses campagnes océanographiques se sont succédé partout sur la planète, particulièrement sur les sites où règne une activité volcanique. La moisson de documents photographiques, obtenue par les submersibles *Cyana* et *Nautile* de l'Ifremer, est aujourd'hui considérable et permet de découvrir la fantastique palette des formes volcaniques et des phénomènes éruptifs qui prennent place sur le fond des océans.

Avec l'avènement de la théorie de la tectonique des plaques, il y a un peu plus de trente ans, et le progrès des techniques d'exploration des océans, les connaissances et la bibliographie relatives aux géosciences marines se sont considérablement renouvelées. Il n'est donc pas toujours aisé de comprendre le vocabulaire et les concepts utilisés pour décrire tel ou tel phénomène, et d'aboutir à une vue d'ensemble claire où les apports des différentes disciplines se complètent. Nous avons donc tenté de transposer des connaissances encore jeunes dans un ouvrage destiné à satisfaire la curiosité légitime du plus grand nombre de lecteurs afin de dévoiler ce visage caché de notre planète que constitue le monde abyssal.

La difficulté majeure fut le choix, en premier lieu, des illustrations, devant la masse des données accumulées depuis vingt-cinq ans, et, en second lieu, des aspects à développer. Il nous a paru important de privilégier la description simple des phénomènes et des formes en apportant, quand cela fut possible, des informations spécifiques afin que chacun puisse y trouver une base de documentation. Notre idée est de proposer un outil permettant de découvrir de nouveaux champs dont le lecteur poursuivra l'investigation à sa convenance, aidé en cela par quelques sources bibliographiques.

Ce volume n'aurait pas pu être réalisé sans le travail de recherche entrepris par Nicolas Binard lors de son séjour (1988-1991) en tant qu'étudiant en thèse à l'université de Bretagne occidentale et à l'Ifremer (Brest). Une première version de l'ouvrage avait été élaborée en 1995. Mais elle a été revue en 2007 pour y intégrer de nouvelles données. Malgré le temps écoulé, les données de cet ouvrage sont toujours d'actualité et permettent une meilleure compréhension des processus géologiques qui façonnent le fond des océans.

Remerciements

Les photographies sous-marines ont été prises par les submersibles *Cyana* et *Nautile* du Centre national pour l'exploitation des océans (CNEXO), devenu Ifremer (Institut français pour l'exploitation de la mer) en 1984. Les relevés bathymétriques et autres données ont été obtenus lors des campagnes océanographiques menées à bord des navires océanographiques *Jean Charcot*, *Le Suroît*, *Le Nadir*, *L'Atalante* (Gestion des navires, GENAVIR) et le *F.S. Sonne* (Allemagne). Le soutien technique et le suivi des plongées sous-marines par les équipes de GENAVIR de Brest et de Toulon (La Seyne-sur-Mer) ont été déterminant pour effectuer les échantillonnages et les prises de vue sous-marines. C'est grâce à l'expertise et au dévouement des pilotes, ingénieurs, techniciens, commandants, officiers et marins participant aux différentes missions à la mer que l'on a pu obtenir les documents qui nous ont permis de réaliser cet ouvrage. Nous sommes particulièrement reconnaissant à J. Roux, G. Sciarronne, N. Compagnot, G. Arnoux, J.-M. Nivaggioli, M. Normand, Y. Poitier, J.-J. Kaioun, J.-P. Triger, M. Dubois, O. Cipriani, J.-P. Justiniano, P. Guyavarch, T. Dubois, T. Edmond et S. Beraud qui ont participé aux missions de plongées en tant que responsables en surface, pilotes et co-pilotes et ingénieurs des sous-marins. Nous tenons à remercier le dévouement et la motivation des commandants G. Paquet†, M. Madec, H. Guidal, G. Thebaud, A. Gourmelon, J. Keranflech, G. Guesguen, A. Girard, G. Tredunit et H. Andresen qui ont assuré le suivi des manipulations des engins et le bon fonctionnement des navires lors des missions à la mer.

Les études des points chauds ont été entreprises dans le cadre de la collaboration internationale franco-allemande sur le volcanisme intraplaque sous la direction de Jean-Louis Cheminée† de l'Observatoire volcanologique de l'Institut de physique du globe de Paris (IPGP, France) et de Peter Stoffers du département des sciences de la terre de l'université de Kiel (Allemagne).

Nous remercions le département des géosciences marines de l'Ifremer à Brest pour l'assistance technique concernant la reproduction de documents. Nous sommes particulièrement reconnaissants à Daniel Carré† et Jean-Pierre Mazé (Ifremer, Brest) pour avoir effectué les premiers croquis des figures et cartes bathymétriques utilisées dans cet ouvrage. Gilbert Floch et Ronan Apprioual sont aussi remerciés pour leur aide apportée au conditionnement des échantillons récupérés lors des campagnes océanographiques. Vic Chapron et Gérard Vincent (direction de la communication de l'Ifremer, Brest) ont contribué au développement des photographies prises pendant les campagnes de plongée des missions *Cyatherm* (1982) et *Geocyarise 1* et *3* (1984). Michel Gouillou, Stéphane Lesbats et Olivier Dugornay de la direction de la communication Ifremer (Brest) ont apporté leur aide dans le choix de certains clichés.

Les photographies sous-marines nous ont été fournies par l'Ifremer (copyright Ifremer). Nous sommes reconnaissants à Danièle LeMercier de son aide pour la mise en forme des légendes photographiques.

Nous remercions les différents chefs de mission : Jean Francheteau (Institut universitaire européen de la mer, IEUM ; université de Bretagne occidentale), Peter Stoffers (université de Kiel, Allemagne), Jean-Louis Cheminée, Vincent Renard (Ifremer, Brest), Daniel Bideau† (Ifremer, Brest) et Jacques Dubois (IPGP, Paris), pour avoir organisé et dirigé les campagnes océanographiques. Ces campagnes sont désignées comme suit : *Sea Rise 2* de 1980, *F.S. Sonne 47* et *65* de 1987 et 1989, *Teahitia* (IPGP) de 1989, *Geocyarise 1* (Ifremer) de 1984, *Oceanaut* (Ifremer) de 1995 et *Polynaut* (IPGP) de 1999, respectivement. D'autre part, la photographie N° 9 a été prise lors de la campagne *Hero* de 1991 avec comme chef de mission Daniel Desbruyeres (Ifremer). Les photographies de l'île de Pitcairn ont été mises à notre disposition par Dietrich Ackermand.

Nous sommes très reconnaissants aux professeurs Pierre Vincent du département des sciences de la terre de l'université Blaise-Pascal de Clermont-Ferrand, René Maury du département de géologie de l'université de Bretagne occidentale et Xavier le Pichon, professeur de géodynamique au Collège de France, pour leurs commentaires et leurs encouragements pendant la rédaction de cet ouvrage. Nous remercions Nelly Courtay de nous avoir encouragé à remettre à jour cet ouvrage. Nous remercions vivement Rachel Vincent, Laurence Rodriguez, Joëlle Veltz et Martine Seguier-Guis pour la préparation éditoriale du texte et des figures.

(†Décédés)

Table des matières

La planète océane

Des fonds marins
en permanente mutation

Parmi les neuf planètes du système solaire, la Terre est la seule dont la température de surface permet l'existence de l'eau sous forme solide, liquide et gazeuse. Les océans recouvrent 71 % de la surface du globe et représentent un réservoir de plus de 1 300 millions de km^3. Les eaux cachent en fait la région volcanique la plus étendue de la planète où une multitude de volcans, en activité permanente, participe chaque année à la création de 20 km^3 de croûte océanique.

Naissance d'une planète

Il y a 4,7 milliards d'années, à la place de notre système solaire, se trouvait une vaste nébuleuse faite de gaz et de poussières. La transformation de cette nébuleuse vers le monde que l'on connaît aujourd'hui est loin d'avoir été simple. Sous l'action de la gravité, ce nuage s'est contracté progressivement en son centre où s'exerçaient de très fortes pressions. Le noyau ainsi formé s'est réchauffé rapidement. Les poussières gravitant autour se sont concentrées en boules de tailles variables ; l'une d'elles, située à environ 150 millions de kilomètres du centre, devint la Terre.

Lorsque la température au centre du noyau a atteint 11 millions de degrés, des réactions nucléaires ont débuté. Les atomes d'hydrogène entrèrent en fusion, le noyau de notre nuage devint une étoile : le Soleil est né. Ce gigantesque réacteur nucléaire provoqua un souffle prodigieux, un terrible vent solaire qui chassa au loin les gaz et les poussières résiduelles. La Terre ainsi nettoyée n'était encore qu'un amas de blocs qui ont partiellement fondu sous l'effet des chocs pour former un « magma océan ». Une ségrégation progressive des matériaux s'est alors opérée sous l'effet de la gravité, les plus lourds migrant vers le centre pour former le noyau. Des blocs de roche et de glace circulèrent encore un peu partout au travers du système solaire. Participant à leur formation, ils bombardèrent les planètes, creusant alors de vastes cratères dont Mercure ou la Lune, par exemple, portent encore les cicatrices. Mais bien que la Terre fût aussi affectée par ce bombardement, l'érosion a effacé depuis la plupart des traces. Vers 3,8 milliards d'années les chutes de météorites devinrent moins fréquentes et la surface de la Terre commença à prendre consistance. Une mince couche de magma se solidifia progressivement pour donner le premier sol ferme.

Issue du même disque de matière que les autres planètes du système solaire, la Terre montre avec celles-ci de nombreuses similitudes. Elle se distingue cependant par une grande spécificité : la tectonique des plaques témoigne d'une lithosphère active, et l'atmosphère, l'hydrosphère ainsi qu'une évolution chimique particulière ont favorablement permis à la vie de s'y développer depuis plus de 3 milliards d'années.

Une structure en pelure d'oignon

Au moment de sa formation, la Terre est une boule de matière à très haute température. L'énergie interne provient principalement de deux sources : l'énergie de formation, due à la collision des petits corps et à la transformation de l'énergie cinétique en énergie thermique, et l'énergie dégagée par la désintégration des éléments radioactifs. La dissipation progressive de cette énergie vers la surface est à l'origine du volcanisme, du renouvellement permanent des fonds océaniques et des mouvements des plaques que l'on observe actuellement. Le flux d'énergie qui s'échappe à la surface du globe, encore appelé flux géothermique, est estimé à 1,4 microcalories par cm^2 et par seconde, en moyenne.

Grâce à cette très haute température, la planète va lentement se transformer sous l'effet de la gravité, par différenciation des éléments chimiques qui la constituent. Les éléments les plus lourds vont ainsi migrer vers le centre, alors que les plus légers sont refoulés vers les zones périphériques. La Terre acquiert alors une structure en pelure d'oignon, faite d'une succession d'enveloppes concentriques de densités croissantes vers l'intérieur du globe (figure 1).

C'est notamment l'étude géophysique des séismes qui a permis d'appréhender la structure du globe terrestre, en mettant en évidence les discontinuités majeures qui l'affectent. Celles-ci sont principalement : la discontinuité de Mohorovicic (ou Moho), à 30 km en moyenne, la discontinuité de Gutenberg, à 2 900 km, et celle de Lehman, à environ 5 100 km de profondeur. Elles définissent trois enveloppes : la croûte qui peut être océanique ou continentale, le manteau divisé en manteaux supérieur et inférieur, et le noyau subdivisé en un noyau externe (liquide) et une graine (solide). Cependant, la complexité de la Terre oblige à prendre en compte un nombre plus important de divisions, en fonction des

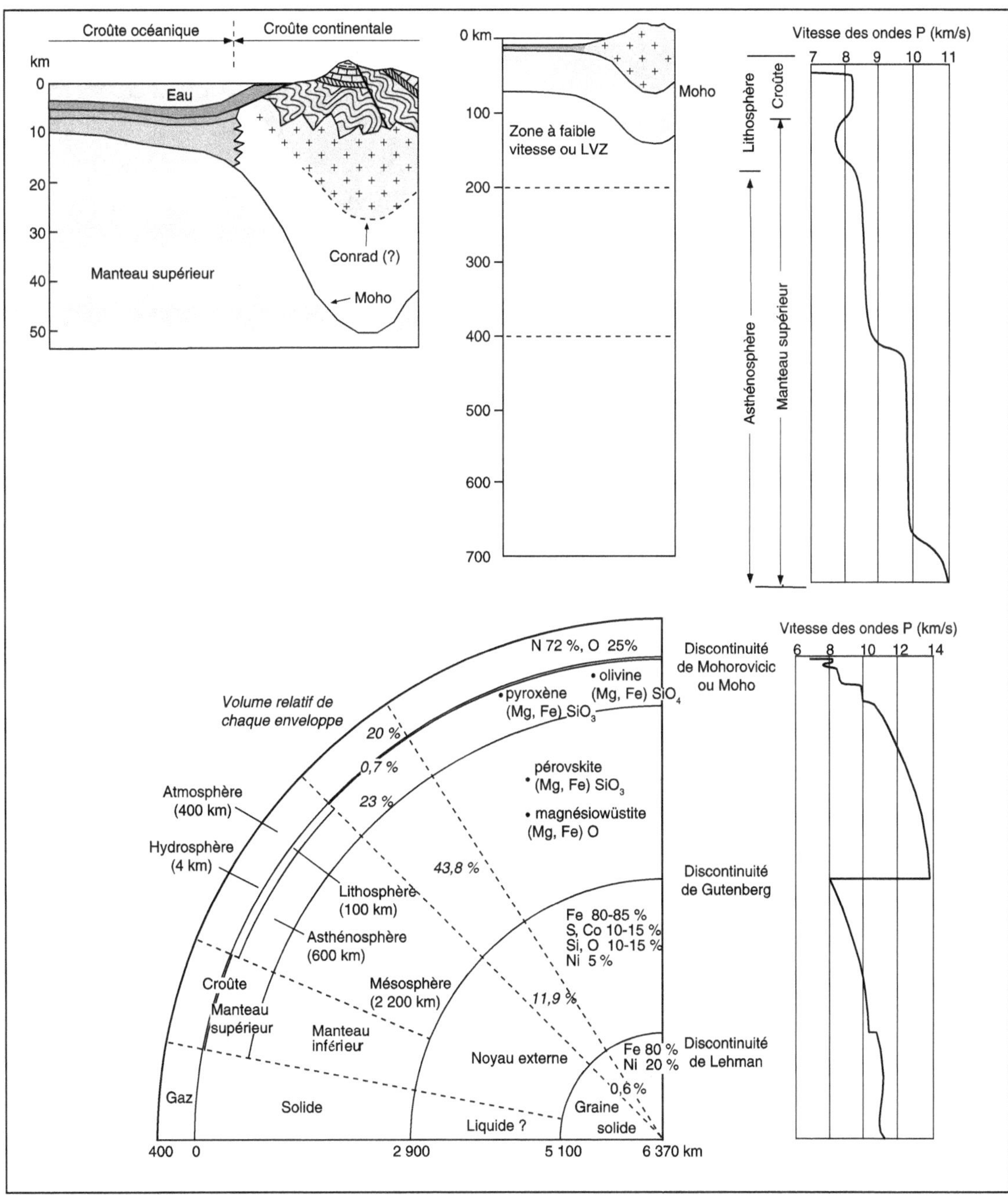

Figure 1. La structure interne du globe terrestre. L'étude géologique permet de connaître avec précision les premiers kilomètres à la surface de la Terre. L'étude des séismes naturels a permis de révéler la structure interne du globe avec ses nombreuses discontinuités, chacune soulignant la frontière entre deux enveloppes dont les propriétés chimiques, cristallographiques, physiques ou mécaniques évoluent sur une distance de quelques hectomètres à quelques kilomètres.

propriétés physiques et pétrologiques des enveloppes. Cela concerne principalement la partie externe du globe terrestre, la mieux connue car la plus proche de la surface d'où sont réalisées les observations.

Une lithosphère en mouvement

Très chaude au centre, mais froide à la périphérie, la Terre dissipe une énergie estimée à environ $4,2.10^{13}$ W (watts) pour l'ensemble du globe. La perte de chaleur moyenne de 0,05 W par m² n'est pas la même partout. Le flux thermique est sensiblement le même pour les continents et les océans. Très inégalement réparti à la surface de la planète, il masque en fait de grandes disparités, comme dans certaines zones volcaniques, telles que les dorsales océaniques, où il peut atteindre 0,4 à 0,6 W par m². D'importants échanges thermiques s'effectuent donc depuis le centre vers la surface du globe grâce, en particulier, aux mouvements de convection qui agissent à l'intérieur du manteau. Ces mouvements sont à l'origine de la fracture de la lithosphère en une douzaine de plaques majeures, ainsi que du déplacement de ces dernières (figure 2).

L'ensemble des mouvements qui affectent la lithosphère est appelé tectonique des plaques (Le Pichon, 1968, 1969 ; Morgan, 1968). L'ascension de matériaux chauds dans le manteau provoque en surface l'apparition d'un volcanisme intense le long des dorsales médio-océaniques (dorsale du Pacifique est) où les plaques lithosphériques s'écartent. Par opposition, les matériaux formant l'enveloppe superficielle plongent vers l'intérieur du globe au niveau des zones de subduction, ou marges actives (ceinture de feu du Pacifique), où les plaques se rapprochent (figure 3). Lorsque les mouvements se font parallèlement aux frontières des plaques, apparaît alors une faille transformante, comme celle de San Andreas en Californie. L'ensemble de ces phénomènes planétaires peut être observé, à une échelle plus réduite et à une vitesse bien supérieure, à la surface des lacs de lave où le brassage thermique provoque son renouvellement permanent.

La somme de tous les mouvements qui ont affecté la lithosphère depuis sa création est à l'origine de son façonnement superficiel (mers, montagnes, etc.). S'ils sont lents, ils ne se font pas toujours sans bruits. C'est aux frontières des plaques que se concentre la majeure partie de l'activité volcanique et sismique de la planète, qui engendre éruptions et tremblements de terre destructeurs.

Naissance d'un océan

La naissance d'un océan sous-entend l'ouverture ou la prolongation d'une dorsale océanique à travers un continent. Lorsqu'une dorsale se crée au milieu d'une plaque océanique, on ne peut pas vraiment assimiler cela à l'ouverture

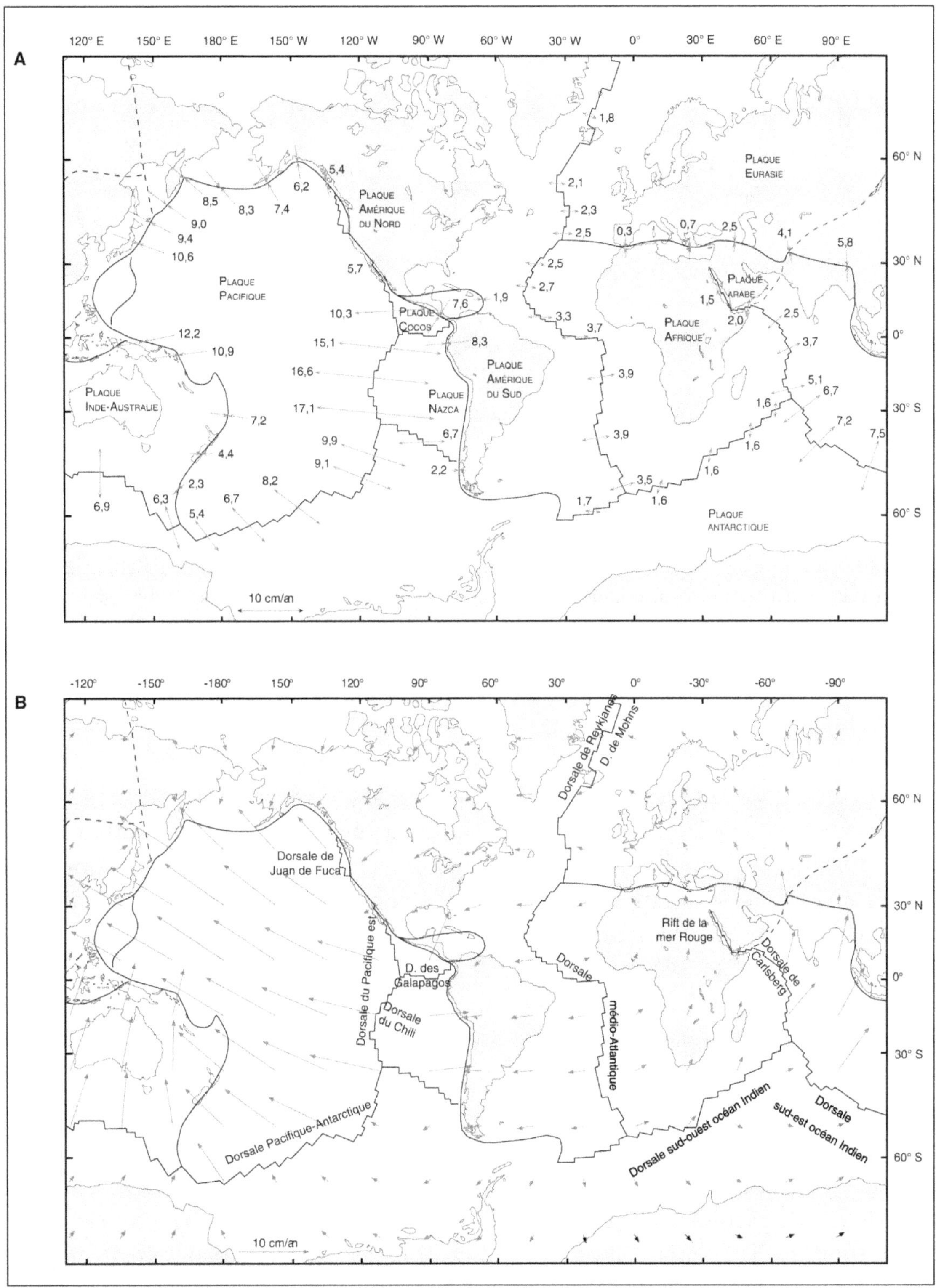

Figure 2. Le mouvement des plaques tectoniques. Les plaques tectoniques s'écartent, se chevauchent, s'affrontent, coulissent à des vitesses bien différentes selon l'endroit du globe (Minster et Jordan, 1978). Les mouvements les plus rapides sont enregistrés autour de l'océan Pacifique, dont certaines parties de son plancher se déplacent à près de 20 cm/an. Les mouvements dans la seconde figure sont calculés à partir d'un référentiel fixe, indépendant des plaques, qui est généralement l'axe de rotation de la Terre, ou encore les points chauds.

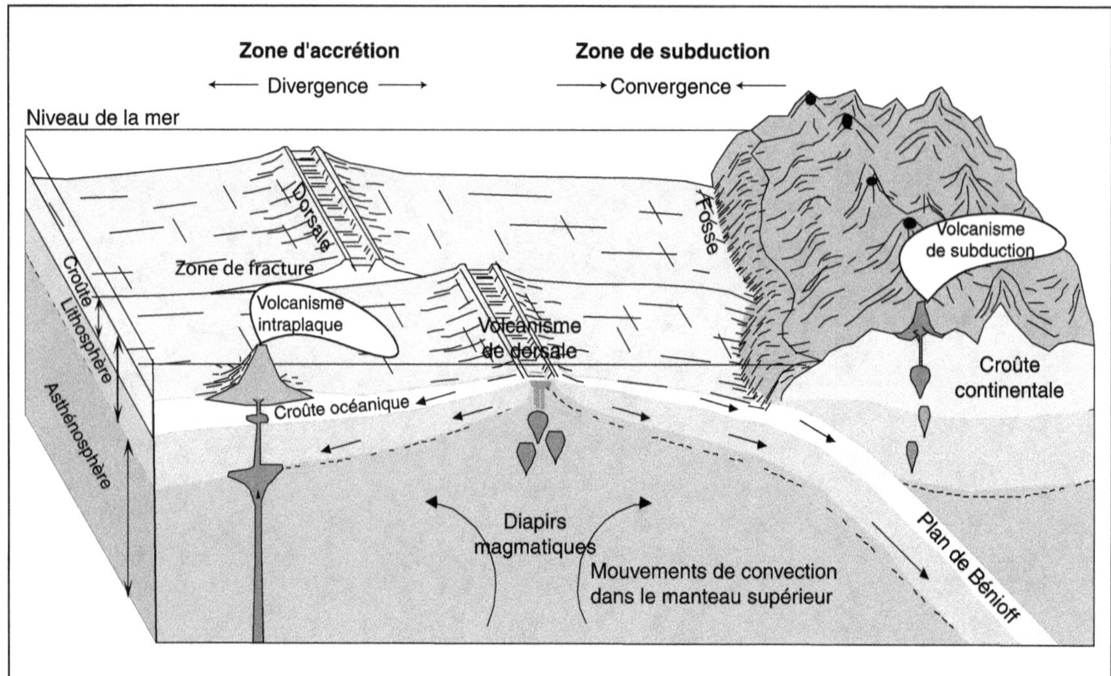

Figure 3. Le cycle accrétion-subduction. Créée au niveau des dorsales, la lithosphère océanique s'éloigne progressivement de celles-ci au fur et à mesure qu'elle vieillit. Dans le même temps, elle se refroidit, s'épaissit et s'enfonce de plus en plus dans le manteau jusqu'au moment où elle plonge dans celui-ci au niveau d'une zone de subduction. Ce processus, animé par les mouvements de convection dans le manteau, représente le cycle de création et de recyclage de la lithosphère océanique.

d'un océan. C'est sur les continents que s'observent le mieux les premiers stades d'une ouverture océanique. Pour que ce phénomène se produise, deux conditions doivent être remplies. La première est l'apparition d'un champ de contraintes en extension, suffisant pour entraîner la rupture de la plaque continentale (croûte et manteau supérieur). La deuxième est l'existence d'un flux thermique sous-jacent, capable de générer les magmas qui formeront la nouvelle croûte océanique entre les deux blocs continentaux ainsi séparés.

Il existe plusieurs régions au monde où l'on peut observer un rift continental, c'est-à-dire le premier stade de l'ouverture d'un océan. C'est le cas du golfe de Californie qui borde le Mexique et prolonge vers le sud le célèbre système de failles de San Andreas, responsable de tant de séismes destructeurs. Moins connu, l'océan Glacial Arctique où la dorsale de Nansen, extension septentrionale de la ride médio-Atlantique qui est responsable de l'ouverture du bassin de l'Eurasie entre les plaques eurasiatique et nord-américaine, pénètre en mer de Laptev et disparaît sous les monts de Verkhoïansk en Sibérie orientale. Toujours sur le continent asiatique, le rift du lac Baïkal, au nord du désert de Gobi, constitue lui aussi une région soumise à une tectonique en extension.

Cependant, le plus bel exemple de rift continental est sans conteste la région de la mer Rouge qui, coincée entre l'Afrique et l'Arabie, devient un océan.

L'exploration du fond de cette mer a montré l'existence d'une zone axiale, le rift, ou règne une activité volcanique intense qui, dans le Sud, commença il y a 5 millions d'années seulement. Au nord, la vallée du Jourdain et la mer Morte constituent les toutes premières traces de l'ouverture océanique. Un point chaud (cf. page 106), situé sous l'Afar, à l'est de l'Éthiopie, serait à l'origine de la mer Rouge, du golfe d'Aden et du rift est-africain. On sait aujourd'hui que les points chauds amincissent la lithosphère et peuvent conduire à sa rupture. Une série de points chauds plus ou moins alignés pourrait être à l'origine de la naissance d'une dorsale, et par conséquent d'un océan.

Le renouvellement des fonds océaniques

La lithosphère océanique est créée en permanence le long des 60 000 km de dorsales qui parcourent le fond des océans et, accessoirement, les bassins marginaux, de petits domaines océaniques apparaissant parfois à l'arrière des zones de subduction. Cette lithosphère s'éloigne ensuite de son lieu de formation à raison de quelques centimètres par an. Se refroidissant progressivement, elle s'épaissit par incorporation d'asthénosphère figée à sa base. De ce fait, elle devient plus lourde et s'enfonce lentement dans le manteau supérieur pour disparaître ensuite dans les zones de subduction. L'ensemble de ces mouvements suggère l'existence, dans le manteau, de cellules convectives dont la géométrie et les mécanismes sont mal connus.

Il existe un cycle géodynamique de renouvellement des fonds océaniques. Ce cycle est relativement rapide. Tenant compte de la vitesse des plaques et de leur dimension, sa durée moyenne est estimée à 300 millions d'années environ. Les roches volcaniques qui forment le plancher des océans sont donc toujours relativement jeunes par rapport à l'ensemble des formations géologiques continentales. Ainsi, le plus vieux plancher océanique connu se situe dans la partie occidentale du Pacifique. Sa formation remonte à la période jurassique, il y a 173 millions d'années, le long d'une dorsale qui a depuis bien longtemps disparu.

Le renouvellement de la lithosphère océanique s'accompagne d'une extraction permanente de matériaux provenant du manteau supérieur. Là, se forment les magmas qui migrent vers la surface et dont le refroidissement produit environ 2,5 à 3 km³ de roches volcaniques (basaltes et diabases) ainsi que 15 à 18 km³ de roches plutoniques (gabbros) par année, ceci pour l'ensemble des dorsales. Le volume de la Terre ne variant pas, il existe un équilibre global entre la formation de la jeune lithosphère à l'aplomb des dorsales et la disparition de l'ancienne au niveau des fosses de subduction. Ainsi l'Atlantique, bordé de marges continentales passives, accroît lentement sa superficie : c'est un océan qui s'agrandit. Par opposition, le Pacifique, entouré de marges actives, voit sa surface réduite d'environ 0,5 km² par année : c'est un océan qui se referme.

La lithosphère océanique recyclée

Après avoir constitué le plancher d'un océan, la lithosphère océanique retourne en profondeur au niveau des zones de subduction. Là, elle se réchauffe, se déshydrate et finit par perdre sont identité mécanique pour être finalement incorporée au manteau d'où elle est issue. C'est ainsi qu'environ 300 km*× de lithosphère océanique, correspondant à 10^{15} kg, retournent dans le manteau chaque année. La masse du manteau supérieur étant estimée à 10^{24} kg, il faut donc de l'ordre d'un milliard d'années pour recycler la totalité de ce dernier. Les masses et volumes sont considérables et les mouvements particulièrement lents. Cependant, le manteau a pu être totalement recyclé plusieurs fois depuis la création de la Terre dont l'âge est d'environ 4,5 milliards d'années.

La profondeur maximale d'enfoncement de la lithosphère n'est pas connue exactement, mais les séismes associés aux zones de subduction n'excèdent jamais 700 km de profondeur, ce qui correspond aussi à la limite entre les manteaux supérieur et inférieur (cf. figures 1 et 3). Le recyclage de la lithosphère dans le manteau participe à son refroidissement et aussi à l'accroissement de son hétérogénéité. En effet, la lithosphère, issue d'une fusion partielle du manteau, ne possède pas la même composition chimique que celui-ci. De plus, elle subit une différenciation lors de son refroidissement, ce qui lui confère une structure stratifiée dont les compositions cristallographiques et chimiques varient. Le manteau ainsi plusieurs fois recyclé est donc particulièrement hétérogène. On lui attribue souvent l'image d'un gâteau marbré. L'hétérogénéité est mise en évidence grâce, en particulier, à l'analyse des teneurs en éléments traces et à la mesure des rapports isotopiques de certains éléments chimiques contenus dans les laves, tels que le plomb, le néodyme ou le strontium. Cette étude montre que d'anciennes lithosphères océaniques font maintenant partie des sources dont la fusion partielle participe à la production des magmas qui s'épanchent aujourd'hui au niveau des dorsales et dans certaines îles océaniques.

Téthys, un océan disparu

On connaît relativement bien les mouvements les plus récents des blocs continentaux (figure 4). Mais il est difficile de remonter au-delà du début de la période carbonifère, soit environ 290 millions d'années, car les marqueurs paléogéographiques et paléomagnétiques s'effacent avec le temps. Les premiers sont estompés par les cycles orogéniques successifs, les seconds sont engloutis avec la lithosphère océanique dans les fosses de subduction.

À cette époque, tous les blocs étaient regroupés et constituaient une sorte de supercontinent baptisé « Pangée », vraisemblablement ceinturé par de nombreuses zones de subduction. De même, tous les océans étaient réunis en un superocéan

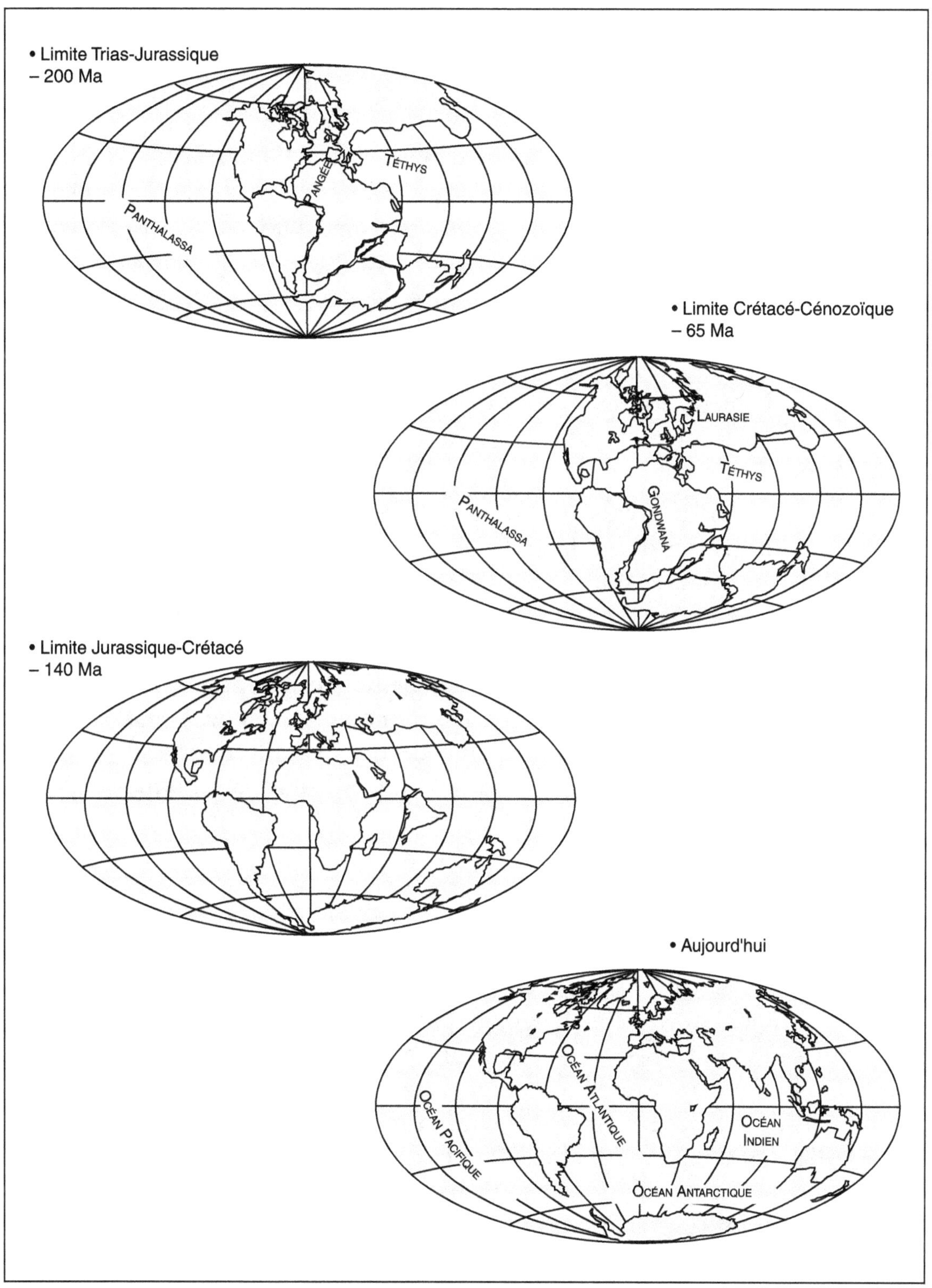

Figure 4. La dérive des continents. Formée de roches légères, granite et sédiments, la croûte continentale « flotte » à la surface du globe terrestre. Depuis le début de sa formation, elle est découpée régulièrement en blocs de tailles variées, appelés les continents, au gré des mouvements de convection sous-jacents. C'est un gigantesque puzzle continental qui s'assemble de manière cyclique, comme ce fut le cas, il y a environ 200 millions d'années, lorsque régnait sur Terre la Pangée, continent unique cerné par un océan unique, la Panthalassa. Ma : millions d'années.

appelé « Panthalassa », possédant un golfe immense nommé « Téthys ». La Pangée se scinda à la fin du Jurassique sous l'effet de la naissance puis de l'ouverture de l'océan Atlantique central (cf. figure 4). Deux masses continentales se dégagèrent, une partie nord, appelée Laurasie, comprenant l'Amérique du Nord et l'Eurasie, et une partie sud, également nommée Gondwana, qui incluait l'Amérique du Sud, l'Afrique, l'Inde, l'Antarctique et l'Australie. Le processus de morcellement initialisé, les océans Atlantique, Indien et Antarctique allaient naître et croître à leur tour, individualisant les plaques continentales connues à l'heure actuelle.

Entre – 120 et – 50 millions d'années, les mouvements s'accélérèrent. La rotation de l'Afrique et le déplacement de l'Inde vers le nord entraînèrent la fermeture de la mer Téthys. Coincée entre les masses continentales, celle-ci fut vraisemblablement subductée sous la Laurasie. Les mers Méditerranée, Caspienne et Noire sont les derniers vestiges de ce golfe, aujourd'hui disparu.

Vers – 50 millions d'années, s'amorça la collision des blocs continentaux, ce qui engendra la formation d'une fantastique chaîne de montagnes qui comprend aujourd'hui les Alpes, le Caucase et l'Himalaya. Téthys n'existait plus. Seules quelques reliques de ses fonds sont encore visibles. Coincées dans l'étau de la collision, elles furent intégrées au mouvement de surrection des chaînes montagneuses. Ainsi les roches qui tapissaient hier des fonds marins se retrouvent aujourd'hui dans les cimes himalayennes, comme la nappe ophiolitique de Spontang qui, perchée à 4 200 m d'altitude dans les montagnes du Zanskar (Cachemire indien), représente le fond océanique le plus haut du monde.

Le cycle de Wilson

Le visage qu'offre aujourd'hui la planète ne fut pas toujours le même. Les continents sont relativement dispersés et leur répartition sur Terre se modifie à une vitesse très faible. Les études paléogéographiques, paléontologiques et paléomagnétiques ont montré qu'au cours de la période jurassique, il y a environ 200 millions d'années, tous les continents étaient regroupés dans la Pangée. Ce phénomène de regroupement se serait aussi produit durant l'ère précambrienne, vers – 600 à – 650 millions d'années, et peut-être une ou deux fois encore auparavant. L'éclatement puis le regroupement des continents, tous les 400 à 500 millions d'années, serait ainsi un processus ordonné, cyclique, appelé cycle de Wilson. L'état du monde actuel reflète une phase d'éclatement de la Pangée, le dernier supercontinent. L'énergie thermique, dissipée par les cellules de convection du manteau, est le moteur du mouvement des plaques. Cette énergie se dissipe bien à travers la lithosphère océanique, mais relativement mal sous une lithosphère continentale dont la conductivité thermique est deux fois moindre. L'accumulation de la chaleur libérée par le manteau sous un supercontinent provoque sa dilatation puis sa fracturation. Sous l'action des forces convectives, ce dernier finit par se scinder en différents blocs qui se séparent et s'éloignent : c'est le phénomène de « rifting ». Entre ces blocs de lithosphère continentale afflue le magma qui, après cristallisation, forme un nouveau plancher océanique. Le jeune océan s'agrandit, bordé de marges passives. Au bout de quelques centaines de millions d'années, la lithosphère océanique, refroidie et épaissie, devient trop lourde et finit par plonger sous la lithosphère continentale. Les marges passives se transforment en marges actives, le phénomène de subduction inverse le processus d'ouverture, l'océan se referme et les blocs continentaux convergent de nouveau. Une nouvelle soudure continentale s'effectue, soulignée par la formation de chaînes de montagnes ou ceinture orogénique.

Une journée de plongée

Voyage dans l'inconnu

On connaît beaucoup mieux la surface des planètes Vénus ou Mars, que le fond de nos océans. L'eau est un élément réfractaire à l'observation. La lumière y est tout de suite absorbée. Les ondes acoustiques la traversent, mais sont aussi absorbées et déformées. C'est face à un monde dont on ne sait pratiquement rien, que l'aventure de l'exploration sous-marine à bord d'engins habités commence réellement en 1930. Depuis, la technique a progressé, mais l'esprit est resté le même. Chaque plongée reste un voyage vers l'inconnu porteur d'espoirs, de craintes et de joie.

Les submersibles *Cyana* et *Nautile*

La plupart des engins submersibles sont construits autour d'une sphère métallique d'environ 2 m de diamètre, contenant les instruments de navigation, de communication et de mesure. La forme sphérique est la plus apte à résister aux très hautes pressions. Les types de matériaux et l'épaisseur de la sphère vont définir la profondeur maximale de plongée. Avec ses 5,7 m de longueur, 3 m de largeur, 2,1 m de hauteur, ses 8,5 tonnes et sa sphère en acier de 3 cm d'épaisseur, *Cyana* atteint 3 000 m (photo 1A). À cette profondeur, sous l'effet de la pression, le diamètre de la sphère s'est réduit de 5 cm. Le *Nautile* avec ses 18,5 tonnes, quant à lui, plonge à 6 000 m, ce qui lui confère la possibilité d'explorer 90 % de la surface du fond des océans (photo 1B). À l'intérieur de chacun de ces submersibles, prennent place trois personnes : le pilote, le navigateur et l'observateur. Les systèmes nécessaires à la vie éliminent le gaz carbonique et libèrent de l'oxygène, permettant aux passagers de respirer un air recyclé, maintenu à la pression atmosphérique. L'autonomie de survie est de 120 heures. Autour de la sphère se trouve une charpente métallique supportant divers instruments et systèmes : les moteurs, permettant d'atteindre une vitesse de 1,5 nœuds, les batteries alimentent le submersible en énergie, les appareils de prise de vue (caméras vidéo, chambres photographiques 24×36), l'éclairage et les bras manipulateurs. Sur *Cyana*, le pilote et l'observateur scientifique ont un contact visuel avec le fond grâce à deux hublots. Le *Nautile* dispose d'un troisième hublot pour le navigateur. Situé plus haut sur la sphère, il permet d'anticiper les manœuvres face à des obstacles ou lors de manipulations sur un appareillage externe.

Photos 1A et 1B (© Ifremer/G. Vincent). Les engins submersibles *Cyana* (Campagne *Cyatherm*, 1982) et *Nautile* (Campagne *Garrett*, 1991). Les engins submersibles actuels ont une taille réduite et sont beaucoup plus légers et maniables que les anciens bathyscaphes.
A) La soucoupe *Cyana*, malgré ses 8,5 tonnes, fait d'abord un court voyage dans les airs, suspendue à un portique situé à l'arrière du navire océanographique *Le Suroit*, avant de toucher l'eau.
B) Le submersible *Nautile* (18,5 tonnes) est soulevé par le portique du navire océanographique *Le Nadir* après sa récupération. La protection de la sphère, des instruments, des moteurs et des appareillages divers est assurée par un carénage en fibres de verre.

Ces engins submersibles sont conçus au départ pour flotter. Seule l'énergie de la gravité les entraîne au fond, à une vitesse de l'ordre de 0,5 m/s. Avant de plonger, environ 400 kg de lest sont chargés sur les engins afin de leur assurer une flottabilité négative. Arrivée sur le fond, une partie de ce lest est libérée jusqu'à ce que leur densité moyenne devienne égale à celle de l'eau. Ainsi, aucune énergie n'est dépensée inutilement pour les maintenir sur le fond. De même, au retour, après avoir largué la totalité du lest, les submersibles remontent spontanément sous l'effet de la poussée d'Archimède.

Une longue préparation

Plonger avec les engins submersibles nécessite un long travail réalisé par plusieurs équipes, chacune ayant une tâche bien définie. Il y a d'abord la préparation technique de l'engin, avec une mise en condition : chargement des batteries, régénération du système de recyclage d'air, changement des bandes-vidéo et des films 35 mm, sans compter le contrôle des différents systèmes et les autres vérifications de routine. Ce travail est mené par un groupe de huit à neuf personnes, comprenant des électroniciens, mécaniciens et un chef d'opération.

Les études détaillées demandent de pouvoir connaître avec précision la position des submersibles sur le fond. Une équipe est chargée de mouiller sur le fond deux, trois, ou quatre balises acoustiques qui forment un champ à l'intérieur duquel le submersible évolue. Ce travail est effectué environ 12 heures avant la plongée.

La préparation scientifique regroupe tous les membres de la mission. Ils définissent le lieu, les objectifs et le parcours à suivre. Ce dernier n'est d'ailleurs que suggestif. Il sert de repère afin d'éviter de perdre du temps sur le fond et permet de faire en sorte que toutes les plongées forment un ensemble cohérent, répondant aux objectifs de la mission. Le groupe décide enfin qui va plonger, en fonction de la spécialité de chacun des participants.

Lorsque l'on annonce à l'heureux élu que c'est son tour, le lendemain ou le surlendemain, il ne lui reste plus qu'à se préparer psychologiquement. En effet, rester enfermé dans une sphère de 2 m de diamètre avec deux autres personnes pendant neuf heures et par trois ou six milles mètres de profondeur, n'est pas nécessairement un exercice qu'il pratique tous les jours.

Neuf heures d'intense émotion

Ce n'est pas sans une certaine fébrilité que l'on se réveille le jour J. Petit déjeuner léger, uniquement solide car on aura eu soin, et ceci dès la veille, d'absorber le minimum de liquide pour des raisons de confort bien compréhensibles. Le navire se positionne tôt le matin sur le site de plongée. Le submersible et ses trois occupants sont généralement mis à l'eau vers 8 heures. C'est essentiellement pour des raisons pratiques de sécurité que les plongées débutent le matin. Des plongeurs accompagnent l'engin et effectuent les dernières vérifications d'usage avant de libérer les deux gros flotteurs qui le retiennent à flot.

À une profondeur de plus de 150 m, environ 90 % de la lumière est absorbée par l'eau. Il règne dans les grands fonds une obscurité totale. On s'enfonce en silence. Pas un bruit, pas de lumière non plus. Il faut, par exemple, 1 h 30 pour atteindre 3 000 m, et il n'est pas question de gaspiller l'énergie dont on aura tant besoin pour travailler. À 200 m du fond, une partie du lest est libérée afin de ralentir la vitesse verticale du submersible. Vers une centaine de mètres, les projecteurs sont allumés. Il ne reste plus qu'à attendre le contact visuel, toujours porteur d'une grande émotion.

Dès ce moment, après que le pilote et le navigateur aient contacté la surface et soigneusement dosé la quantité de lest à libérer, l'observateur doit gérer son temps de plongée. Il choisit la direction, les sites d'observation, décide la prise d'échantillons, prend des photos à intervalles réguliers et commente ses observations sur la piste son de l'enregistrement vidéo qui fonctionne du début jusqu'à la fin de la plongée. La distance maximale que l'on peut parcourir est de l'ordre de 8 à 10 km durant les cinq heures que dure la plongée. À 3 000 m de profondeur, l'eau est à 1,5 °C environ. Il convient de se vêtir chaudement car la température à l'intérieur de la sphère se stabilise rapidement entre 8 et 10 °C, et rester à 10 °C pendant cinq heures sans pouvoir bouger, ou presque, est un exercice peu agréable. Heureusement, la vision qui, derrière le hublot, s'offre à l'observateur aide à oublier cet inconvénient. Seulement cinq petites heures sur le fond et il faut penser à remonter car les batteries sont vides. Encore 1 h 30 et c'est la surface.

Par moins deux cents mètres, une pâle lueur bleutée est perceptible au travers des hublots. Le merveilleux voyage hors du temps s'achève. Retour à la réalité. Il faut penser maintenant à exploiter au maximum les observations faites au cours de la plongée, et à en extraire le plus d'informations scientifiques possible. À bord de *Cyana*, par exemple, tous les échantillons sont indistinctement regroupés dans un panier situé à l'avant du submersible. La première action que doit faire l'observateur, dès qu'il met le pied sur le pont du navire, est de sortir et de reconnaître les échantillons afin de les positionner sur la carte de la plongée. Les roches ont un aspect tellement similaire que l'on oublie très rapidement qui est quoi, et à quel moment tel échantillon a été pris.

Il en est de même pour les documents visuels. Ne pouvant techniquement pas prendre de notes, les seuls documents que possède l'observateur sont les images vidéo et photographiques, ainsi qu'un commentaire parlé. Il s'avère que ce dernier est, dans la grande majorité des cas, incomplet. Absorbé par la magie du spectacle qui s'offre sur le fond, inconsciemment, l'observateur traduit par des mots ses impressions, son émotion, et ses observations. Parfois même, il ne traduit plus rien pendant de très longues minutes. Seules les personnes ayant plongé de nombreuses fois peuvent corriger ce défaut. La plongée ne se termine pas au retour sur le pont du navire. En effet, le soir après la plongée, et une bonne partie de la nuit, l'observateur doit visionner la bande-vidéo et, faisant appel à ses souvenirs toujours étonnamment clairs et précis, transcrire sur papier tout ce qui a été vu dans les moindres détails. Ce travail est appelé communément « dépouillement de la plongée ». Il est capital pour l'exploitation ultérieure des résultats, et demande bien souvent plus de temps que la plongée elle-même.

La dorsale océanique

Naissance des fonds océaniques

Depuis sa création, il y a environ 4,5 milliards d'années, la Terre renouvelle en permanence sa surface. Les océans s'ouvrent et se referment au gré des mouvements dont sont animées les plaques lithosphériques. La création de nouveaux fonds océaniques est un phénomène continu à l'échelle des temps géologiques. Il s'effectue le long d'une gigantesque ride volcanique qui parcourt le globe sur plus de 60 000 km, lieu d'épanchement et de cristallisation des magmas venus des profondeurs de la Terre.

La dorsale du Pacifique est

La rapidité avec laquelle se forme la lithosphère n'est pas partout la même, comme en témoignent les différentes vitesses d'accrétion qui se traduisent par des variations importantes dans la morphologie des dorsales océaniques (figure 5). Ainsi, une dorsale lente comme celle de l'Atlantique possédera une vallée axiale profonde (> 1 500 m) et large (20 à 30 km), découpée dans la croûte océanique par les mouvements tectoniques. Au contraire, une dorsale rapide comme celle du Pacifique est sera moins marquée par les cicatrices tectoniques, du fait de l'important volume de magma. L'axe de la dorsale rapide est bombé sous l'effet du flux thermique et sa vallée centrale, large de moins d'un kilomètre, atteint rarement plus d'une centaine de mètres de profondeur.

Après le projet FAMOUS, en 1974, qui explora la ride médio-Atlantique, les travaux se focalisèrent sur les dorsales rapides. La découverte, en 1978, de dépôts hydrothermaux sur la dorsale du Pacifique est fut le point de départ de son exploration : le but était de trouver des sites montrant les traces d'activités volcaniques et hydrothermales récentes. Cette ride fut alors cartographiée par 20° de latitude nord (N) à 20° de latitude sud (S), grâce au sondeur multifaisceaux *Sea Beam* et observée à l'aide d'une caméra tractée. Les résultats de cette reconnaissance permirent de sélectionner plusieurs zones où allaient se concentrer les recherches. Ce fut le cas de deux segments situés par 13° N et 17°-21° S, objets d'étude des campagnes *Cyatherm* (1982) et *Geocyarise* (1984) au cours desquelles on utilisa les submersibles *Cyana* et *Nautile* capables de plonger à 3 000 m et 6 000 m de profondeur, respectivement (figures 6 et 7). Avec un taux d'expansion total de plus de 12 cm/an, le segment de dorsale entre 21° N et 21° S compte parmi les plus rapides au monde (maximum de 18 cm/an). Son exploration a permis l'étude détaillée de la segmentation des dorsales et y révéla une intense activité hydrothermale.

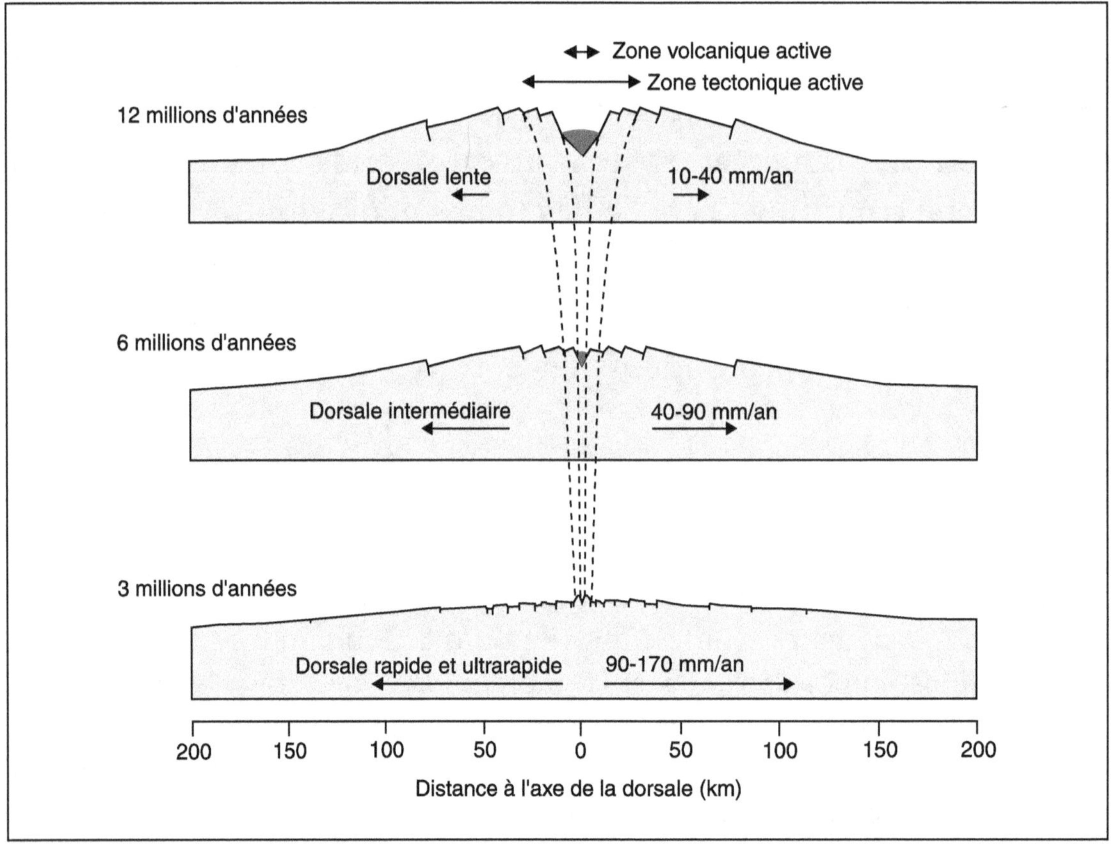

Figure 5. Morphologie des dorsales. Les taux d'accrétion des dorsales océaniques se reflètent dans leur topographie et dans la largeur de la zone affectée par les activités tectonique et volcanique (d'après Choukroune *et al.*, 1984). Les dorsales lentes montrent ainsi un profil très découpé avec de grandes failles normales à regard interne, alors que les dorsales rapides ont une morphologie douce faite d'une succession de horsts et de grabens.

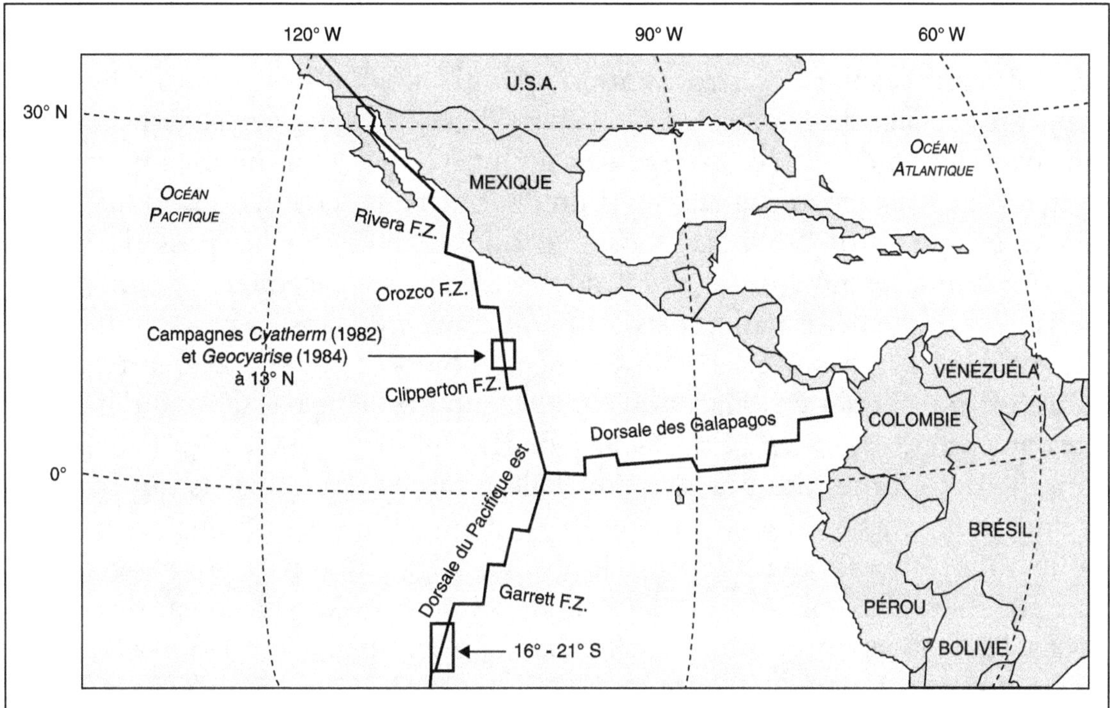

Figure 6. Les sites à 16°-21° S et 13° N sur la dorsale du Pacifique est. La dorsale du Pacifique est représente l'une des plus actives de la planète, avec des taux d'accrétion atteignant parfois 18 cm/an. Après une exploration systématique, depuis 21° N jusqu'à 21° S, un site (localisé par 13° N) fut choisi pour y concentrer les recherches. À ce moment, une activité volcanique très récente fut mise à jour, soulignée, en particulier, par de très nombreuses sources hydrothermales.
F.Z. : Fracture Zone (cf. zone de fracture).

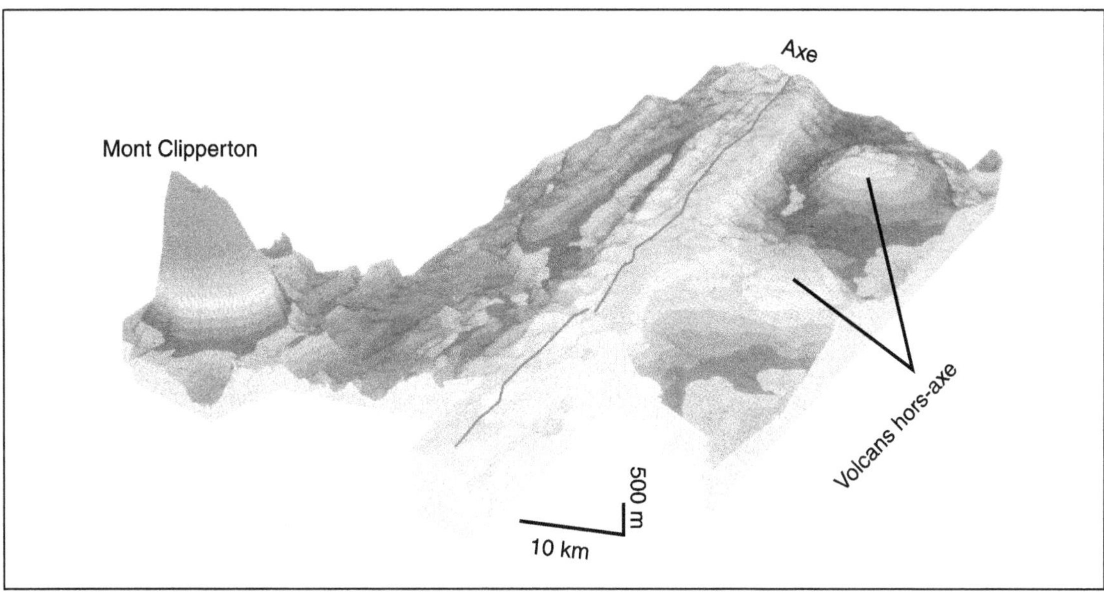

Figure 7. Bloc diagramme du site à 13° N. Une représentation en trois dimensions du segment de la dorsale du Pacifique est à 13° N souligne la morphologie allongée et très étroite qui caractérise les dorsales à fort taux d'accrétion. La crête volcanique domine de plus de 300 m le plancher océanique adjacent. Elle est bordée de structures tectoniques parallèles à la ride, ainsi que de quatre « volcans hors-axe » (cf. page 89), éloignés de 1 à 18 km de l'axe de la dorsale.

Une tectonique distensive

Les dorsales océaniques se trouvent à l'aplomb de l'ascendance des matériaux chauds provenant du manteau. Là, à la base de la lithosphère océanique, s'exercent par friction des forces divergentes qui provoquent son déplacement horizontal. Celui-ci s'accompagne aussi d'un déplacement vertical dû à un flux thermique élevé. En profondeur, la lithosphère nouvellement formée possède encore une très haute température qui la rend ductile. Le déplacement s'accompagne dans ce cas d'une déformation plastique. Au contraire, dans les parties supérieures, les matériaux froids et cristallisés ont un comportement mécanique fragile et cassant sous l'effet des forces divergentes, en donnant naissance à des failles dites normales, parallèles à l'axe de la ride. La rupture brutale des roches est à l'origine des séismes des dorsales. Les failles, montrant des rejets qui peuvent atteindre plusieurs dizaines de mètres, se forment à l'intérieur d'une zone tectonique dont la morphologie dépend de la vitesse d'expansion de la dorsale (cf. figure 5). Elles y délimitent des blocs surélevés ou horsts, séparés par des zones basses, les grabens. Au centre de cette bande prend place le rift, fossé d'effondrement qui matérialise la limite précise de séparation des plaques. Au-delà de 20 à 30 km de l'axe, les failles ne sont plus actives. La grande majorité d'entre elles disparaissent alors progressivement sous la couverture sédimentaire. Cependant, les cicatrices tectoniques les plus importantes hachent encore la surface du plancher océanique. Elles découpent des reliefs étroits et allongés, dépassant parfois de plusieurs centaines de mètres de hauteur, qui sont appelés des collines abyssales.

Genèse des magmas océaniques

La croûte océanique est créée au niveau des dorsales océaniques, régions où le manteau terrestre remonte vers la surface du globe. L'ascension du matériel profond, qui s'accompagne d'une décompression, s'effectue à une vitesse suffisante pour ne pas entraîner de pertes de chaleur au contact des roches encaissantes plus froides. On parle alors de décompression adiabatique. La diminution de pression provoque l'abaissement de la température de fusion des matériaux. Lorsque cette température de fusion devient égale à la température du manteau, il se produit une fusion partielle du solide initial. Celle-ci se produit dans le manteau supérieur entre 60 et 100 km de profondeur. Plus les matériaux progressent vers la surface et plus le volume des liquides interstitiels s'accroît. Lorsque la zone de fusion partielle atteint la base de la lithosphère, les proportions de liquide sont estimées entre 9 et 20 % du volume total. La fraction fondue se sépare alors du solide pour pénétrer dans la partie supérieure, la plus rigide de la lithosphère.

Lorsque les liquides n'arrivent pas à la surface, ils restent prisonniers à l'intérieur de la lithosphère et imprègnent les roches encaissantes avec lesquelles ils réagissent.

Ce phénomène a tendance à provoquer une évolution de la composition chimique du liquide qui ne reflète alors plus la composition primitive des magmas générés par la fusion partielle du manteau, sauf si la zone d'imprégnation est proche de la source de fusion. D'après les observations et les travaux de laboratoire réalisés sur les échantillons, la composition des liquides primitifs à l'origine des basaltes des dorsales océaniques serait voisine de celle d'une roche picritique : 15 à 20 % d'olivine, 20 à 30 % de clinopyroxène, 40 à 50 % de plagioclase et moins de 2 % de spinelle. De cette composition va dériver tout une série de roches volcaniques, à la suite de lents processus de ségrégation, mélange, refroidissement et cristallisation du magma.

Ségrégation des magmas

Il y a une différence importante de composition entre le liquide qui arrive à la surface, un basalte de densité égale à 2,8 g par cm³, et le résidu solide de la fusion partielle du manteau, une péridotite de densité égale à 3,4 g par cm³ qui reste dans la zone de transition croûte-manteau située à une profondeur d'environ 4 à 7 km. Dans le cas où cette zone intermédiaire est assez poreuse et où la production magmatique issue de la fusion partielle est importante, la ségrégation des liquides conduit à la formation d'un réservoir magmatique constitué par un réseau de poches et de filons, ou dykes, au travers duquel le magma pourra circuler. Ces poches sont particulièrement bien développées sous les dorsales rapides comme la dorsale du Pacifique est. Cependant, si le volume de magma issu de la fusion partielle est faible, les liquides se figeront rapidement à l'intérieur de la lithosphère, sans provoquer la formation de réservoirs importants. Tel est le cas des dorsales lentes qui sont assujetties à un régime thermique plus faible.

Dans un réservoir magmatique, la lave se refroidit lentement et commence à se solidifier. En fait, des minéraux cristallisent par l'extraction (hors du liquide magmatique) des éléments nécessaires à leur constitution. Les premiers minéraux qui se forment sont : les spinelles, les oxydes de chrome et d'aluminium, les olivines et les silicates riches en magnésium, fer et nickel qui, d'une densité plus importante que le liquide, précipitent au fond du réservoir, diminuant ainsi la concentration en éléments lourds dans le liquide basaltique. Il se produit alors une évolution chimique de la fraction liquide restante en fonction des types de minéraux extraits. Ce phénomène est appelé « différenciation magmatique » et affecte la composition du liquide issu de la fusion partielle du manteau. Sur les segments des dorsales les plus rapides, les réservoirs magmatiques se situent entre 1 et 2 km de profondeur, atteignent des largeurs de l'ordre de 2 à 4 km et des longueurs probables de quelques dizaines de kilomètres (figure 8).

Le réservoir magmatique

Traditionnellement, on représente un réservoir magmatique, également appelé chambre magmatique, comme une poche où se concentrent les liquides issus de la fusion partielle du manteau. Le fonctionnement du réservoir magmatique d'une dorsale rapide regroupe différents processus (figure 9) :

1) alimentation rythmique en magmas, peu évoluée à la base du réservoir ;

2) fluage à l'état solide des résidus de la fusion partielle du manteau supérieur ;

3) brassage par convection des liquides magmatiques ;

4) cristallisation des magmas sur les bords du réservoir ;

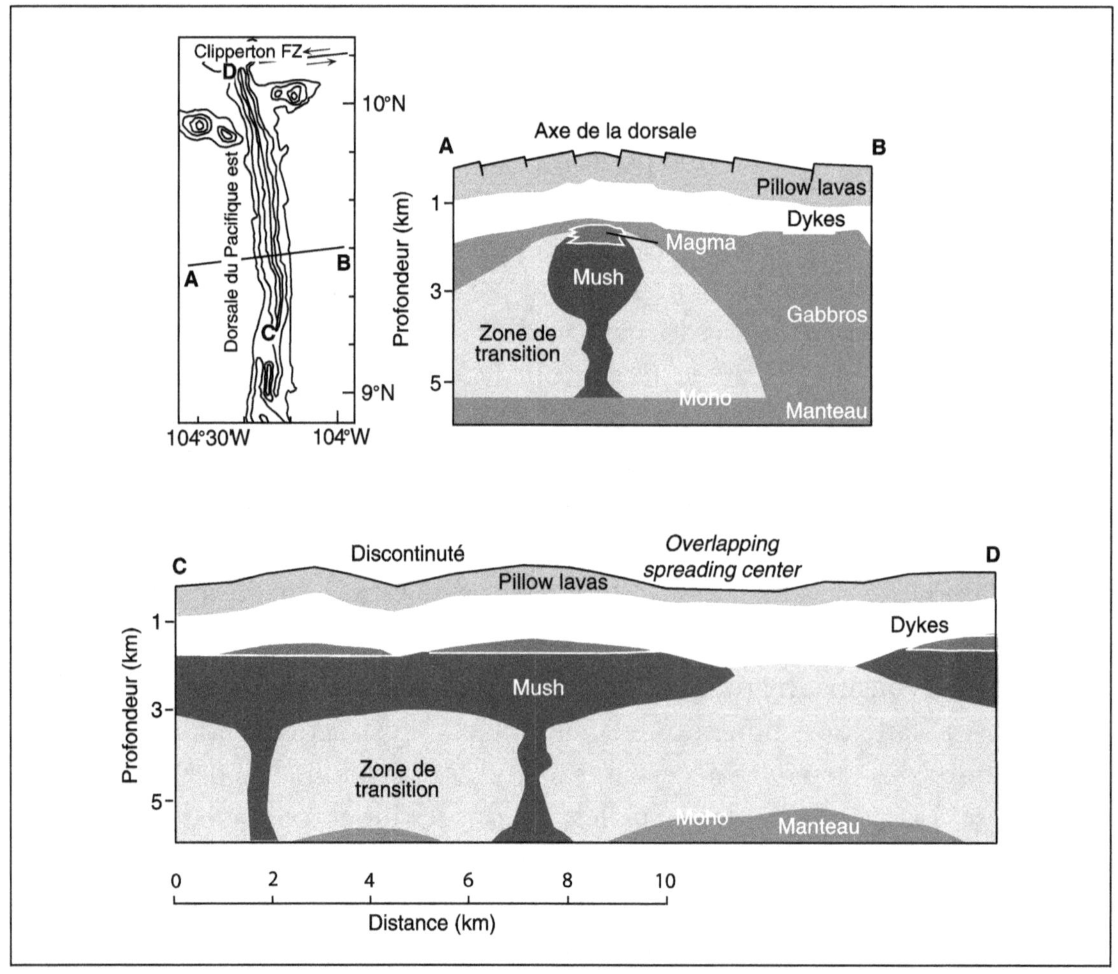

Figure 8. Le magma sous la dorsale du Pacifique est. Les études géophysiques (sismiques) et pétrologiques faites sur la dorsale du Pacifique est ont permis d'élaborer un modèle représentant une chambre magmatique située sous une dorsale océanique rapide (d'après Sinton et Detrick, 1992). Le volume des poches contenant une forte proportion de magma varie considérablement le long de la dorsale, en particulier à proximité des discontinuités structurales de l'axe d'accrétion. Des lentilles magmatiques (noir) sont associées à des zones de mélange de liquide magmatique (< 10 %) et de solide, aussi appelées des bouillies cristallines (mush). Clipperton F.Z. : Clipperton Fracture Zone ; Overlapping Spreading Center pour OSC.

5) sédimentation et accumulation des cristaux formés au fond du réservoir ; instabilités gravitaires ; glissements (slumps) ;

6) injection de magmas évolués dans les fissures (dykes) et formation de poches intrusives ;

7) épanchement de basaltes, formation des pillow lavas (cf. page 56) à la surface du plancher du rift ;

8) circulation hydrothermale et formation de dépôts polymétalliques.

La forme des réservoirs a été modélisée à partir des observations géologiques faites sur des fragments d'anciennes croûtes océaniques aujourd'hui présentes dans les chaînes de montagne. Les études sismiques, menées sur la dorsale du Pacifique est, ont permis d'affiner ces modèles en précisant, en particulier, le taux de cristallisation des magmas (cf. figure 8) : le réservoir serait divisé en une zone axiale appelée « mush », contenant 25 % de cristaux environ et assimilée à un fluide très visqueux, et une zone de transition contenant 60 % de cristaux et se comportant comme un matériau semi-rigide. La partie contenant les liquides capables de migrer et de s'épancher en surface serait en fait limitée à une lentille de quelques centaines de mètres d'épaisseur, située au sommet de ce réservoir.

Les liquides magmatiques qui stagnent au sommet du réservoir, à quelques kilomètres sous le plancher de l'océan, attendent un mouvement tectonique

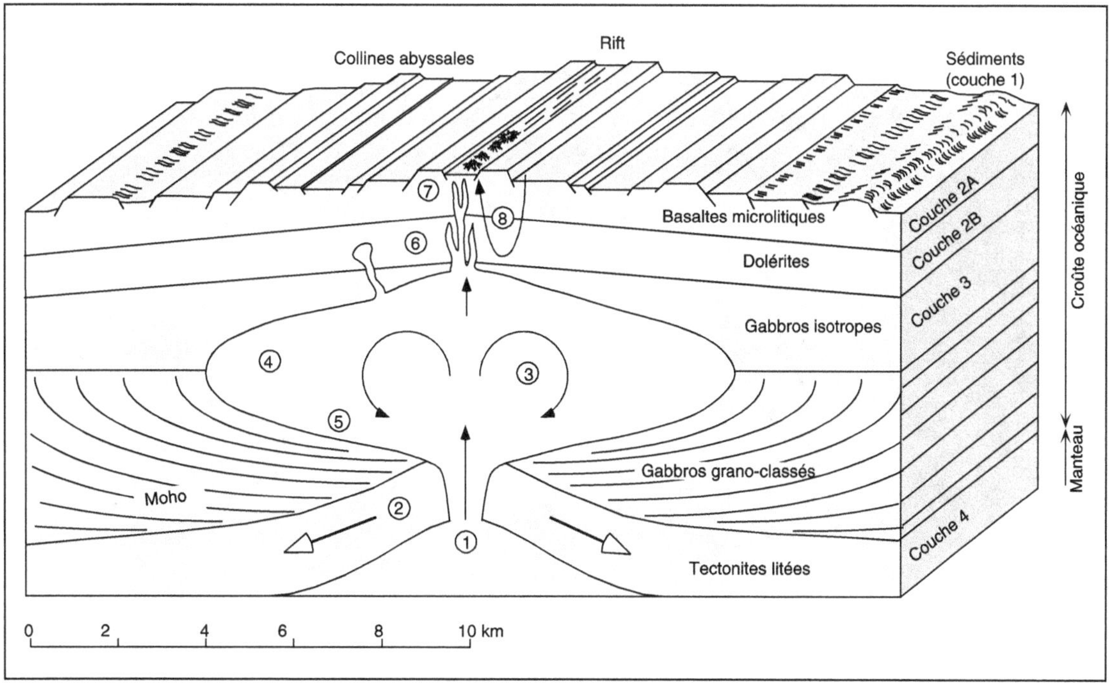

Figure 9. Modèle traditionnel d'un réservoir magmatique (d'après Caron *et al.,* 1989).
Les réservoirs magmatiques représentent le cœur des dorsales océaniques. C'est là que vont se développer les processus physiques et chimiques conduisant à la formation de la croûte océanique. Dans les réservoirs, les magmas se différencient et cristallisent lentement, formant ainsi tout un ensemble de strates cristallines ayant des compositions minéralogiques et chimiques distinctes.

propice pour atteindre la surface. Les laves qui sont alors expulsées constituent une fraction infime de la production magmatique. La majeure partie des produits de fusion reste emprisonnée sous la dorsale et constituera, après refroidissement, la croûte océanique.

La segmentation des dorsales

Ces quinze dernières années, l'utilisation intensive du sonar multifaisceaux a permis l'élaboration de cartes bathymétriques et structurales qui, combinées avec la nature chimique des roches, les données de la géophysique (gravimétrie, sismique), l'étude du magnétisme ou encore l'observation de la répartition des champs hydrothermaux, ont révélé l'existence d'une segmentation des dorsales océaniques (figure 10). Ces dernières sont ainsi constituées par une multitude de segments qui ont des périodes d'activités volcanique et tectonique plus ou moins longues, et des durées de vie variables. L'ensemble des observations supporte le concept d'une hiérarchie au sein de ces segments, faisant apparaître quatre catégories ou ordres.

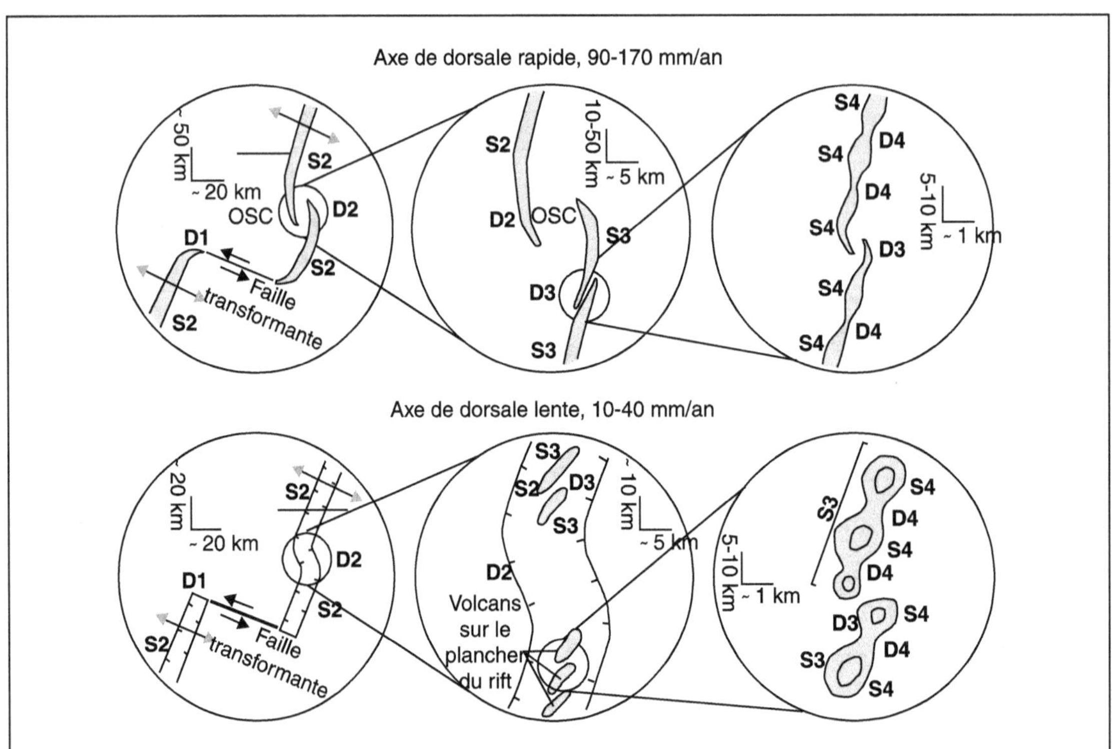

Figure 10. La segmentation des dorsales. La même segmentation existe, à quelques détails morphologiques près, sur les dorsales lentes et rapides (d'après Macdonald *et al.*, 1991). Cependant, la discontinuité de premier ordre reste dans tous les cas une faille transformante. Par ailleurs, on a montré que les segments et les discontinuités évoluent dans le temps et peuvent, à la suite d'une transformation progressive, changer d'ordre, que ce soit dans un sens croissant ou décroissant. S2, S3, S4 : segments de deuxième, troisième et quatrième ordre, respectivement. D1, D2, D3, D4 : discontinuités de premier, deuxième, troisième et quatrième ordre, respectivement.

Plus l'ordre est élevé et plus le segment est petit. Ainsi, un segment de quatrième ordre fera environ 10 km de long, tandis qu'un segment de premier ordre s'étendra généralement sur plus de 1 000 km. Il en va de même pour la durée de vie : comprise entre 100 et 10 000 ans pour le quatrième ordre, elle atteint au moins 10 millions d'années pour un segment de premier ordre.

Les discontinuités structurales qui définissent le premier ordre sont les failles transformantes qui découpent la lithosphère océanique rigide et qui bordent les plaques tectoniques. Les ordres inférieurs apparaissent entre deux failles transformantes. Le segment de deuxième ordre, dont la durée de vie peut aller de 0,5 à 10 millions d'années, est limité par des recouvrements (*overlap*) de la partie axiale de la dorsale, ou OSC (Overlapping Spreading Center). Ces derniers, que l'on trouve sur les dorsales lentes et rapides, sont des discontinuités non-rigides, c'est-à-dire dont le fonctionnement n'entraîne pas une fracturation de la lithosphère, comme dans le cas des failles transformantes. Les troisième et quatrième ordres, d'une durée de vie comprise entre 100 et 100 000 ans, relèvent plus de l'épisode volcanique que d'une réelle empreinte structurale.

Les mesures sismiques réalisées le long de la dorsale du Pacifique est (cf. figures 5 et 8) ont montré une corrélation entre l'existence, la forme, la dimension des réservoirs magmatiques et la segmentation de ceux-ci. Les réservoirs sont plus volumineux sous la zone centrale des segments, là où la topographie bombée est la plus élevée (figure 11). Les réservoirs magmatiques sont interrompus par les discontinuités de premier ordre (failles transformantes). Ils sont significativement réduits sous les discontinuités de deuxième ordre (OSC) et se rétrécissent légèrement sous celles de troisième et quatrième ordre. Le magma migre vers la surface de préférence au centre des segments. C'est là que l'on trouve les magmas les plus primitifs (riches en MgO), c'est-à-dire ceux qui ont subi le moins de transformations chimiques depuis leur formation.

Des fonds marins à ciel ouvert

Depuis longtemps connues dans les chaînes alpines, les ophiolites (du grec *ophis* : serpent) désignent l'association de roches vertes d'origine magmatique dont l'aspect rappelle la peau de ces reptiles. L'ensemble des roches constituant une ophiolite représente en fait une croûte océanique qui fut arrachée à la subduction, transportée sur un continent et exondée par un soulèvement régional.

De tous les phénomènes tectoniques affectant l'écorce terrestre, le plus spectaculaire et le plus grandiose est sans conteste la collision entre deux continents qui entraîne la formation d'imposantes chaînes de montagnes. Ces dernières sont formées par de grands chevauchements tectoniques qui font s'empiler des écailles de croûte continentale comme des tuiles posées sur un toit. L'épaisseur de la croûte continentale peut ainsi s'accroître considérablement jusqu'à atteindre 70 km. Les chaînes récentes, formées au début de l'ère du Crétacé (environ 140 millions d'années), sont disposées en deux grandes ceintures longues de plusieurs milliers de kilomètres et larges de 200 à 1 000 km, le plus haut sommet étant l'Éverest (8 848 m) dans l'Himalaya. La première ceinture entoure l'océan Pacifique, la seconde, dite alpine ou téthysienne, s'étend de Gibraltar aux îles de la Sonde.

Les continents étant formé de matériaux légers, principalement du granite, ils ne peuvent être subduits comme le serait une croûte océanique plus dense. Le rapprochement de deux continents constitue un formidable étau entre lequel les roches sont soulevées, plissées, déformées et broyées. La vitesse à laquelle les mâchoires de cet étau se resserrent est variable. Ainsi, l'Afrique se rapproche actuellement de l'Europe à une vitesse de 1 cm/an. Le choc de ces deux masses continentales a produit les Alpes dont la surrection n'est pas encore terminée. Autre exemple, l'Inde qui, depuis sa collision avec l'Asie commencée il y a environ

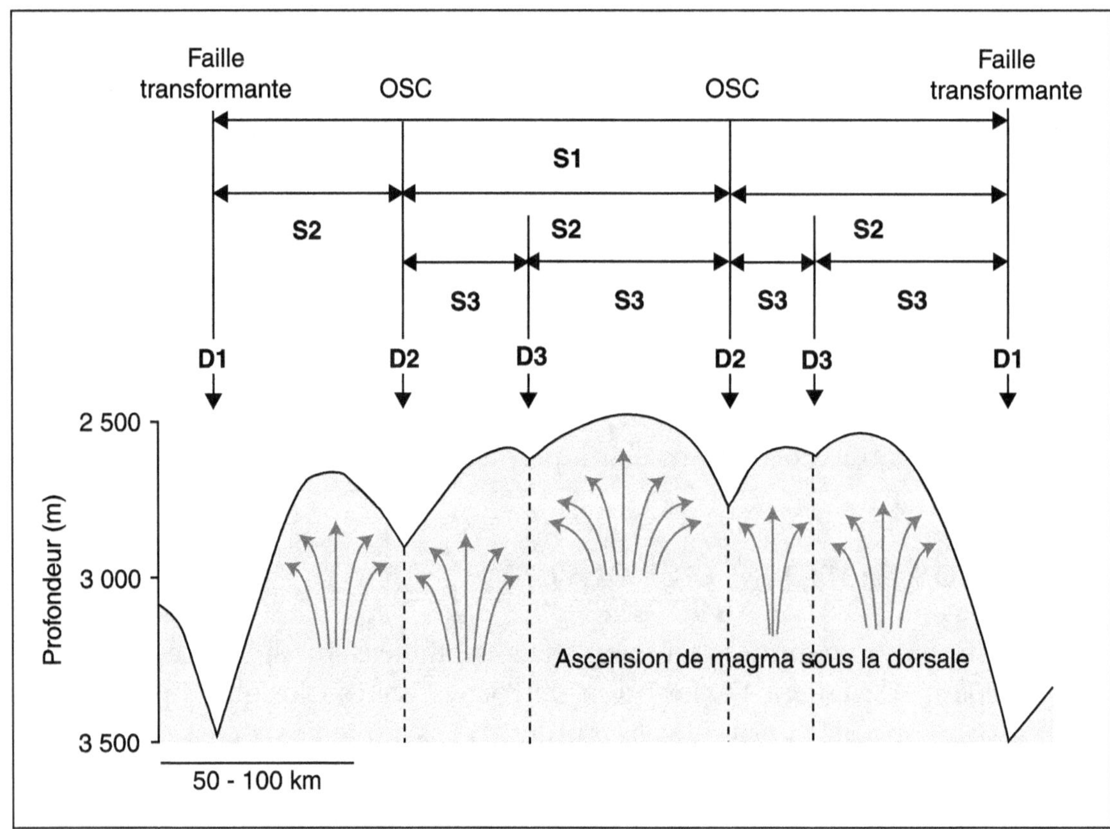

Figure 11. Flux de magma sous une dorsale rapide. Le réservoir magmatique n'est pas une masse continue, mais plutôt une succession de poches dont la partie centrale, la plus chaude, se situe exactement à l'aplomb du milieu d'un segment (d'après Macdonald *et al.*, 1988). C'est vraisemblablement à partir de cette zone centrale que le magma migre à la fois vers le haut et sur les côtés, le long de l'axe de la dorsale. Seules les discontinuités de premier ordre correspondent à une interruption du réservoir magmatique.
S1, S2, S3 : segments de premier, deuxième et troisième ordre, respectivement.
D1, D2, D3 : discontinuités de premier, deuxième et troisième ordre, respectivement.

50 millions d'années, poursuit sa progression septentrionale à une vitesse de 5 cm/an. Ces mouvements se traduisent par de très nombreux tremblements de terre, surtout en Chine, d'autant plus dévastateurs qu'ils prennent naissance à l'intérieur d'un vieux continent dont les roches, peu propices à la déformation, se rompent brutalement en libérant de très fortes énergies.

Lors de la fermeture d'un bassin océanique, il n'est pas rare que des portions de croûte océanique soient prises dans l'étau et soient transportées et charriées sur le continent, sous l'effet de forces colossales, à des altitudes de plusieurs milliers de mètres. Ceci forme les ophiolites.

Presque toutes les chaînes de collision nous livrent les traces d'océans perdus. Cependant, il n'est pas toujours aisé de pouvoir exploiter géologiquement ces gisements parce qu'ils sont trop déformés, trop altérés ou encore trop recouverts par la végétation. Par ailleurs, le fait de retrouver d'anciens fonds océaniques dans les montagnes reste le résultat d'un incroyable concours de circonstances. Les fragments océaniques sont presque toujours incomplets et difficilement reconnaissables. La plupart d'entre eux ne furent que très tardivement reconnus comme tels. Cependant, la chance aidant, il existe quelques très beaux spécimens de croûte océanique exondée, comme ceux de Chypre (Troodos) et surtout d'Oman (Semail), où le climat sec a retardé les effets de l'érosion. Des nappes plus modestes sont aussi bien connues dans les Alpes, en Corse, en Grèce, en Turquie, dans l'Himalaya, c'est-à-dire tout le long de la suture marquant la fermeture de l'océan Téthys, pour ne parler que de celles mises en place par l'orogène alpine.

Les ophiolites ont permis d'étudier à pied sec la croûte océanique et ont apporté une information détaillée sur leurs compositions chimique et minéralogique ainsi que sur la forme et le mode de cristallisation des réservoirs magmatiques situés à l'aplomb des dorsales. Bien que chaque ophiolite montre des épaisseurs différentes, l'ordre ainsi que la qualité des unités qui la composent sont toujours respectés (figure 12) :

– couche 1 : sédiment calcaire, détritique (pélites) et siliceux (radiolarites) souvent intercalé en profondeur entre les pillow lavas (cf. page 56) ;

– couche 2A : pillow lavas représentant les coulées tapissant le fond marin, issus du refroidissement brutal de la lave au contact de l'eau de mer ;

– couche 2B : complexe filonien ou diabase, formé par le magma figé à l'intérieur des conduits au travers desquels il migre avant de s'épancher à la surface ;

– couche 3 : gabbros, roches grenues ayant la composition d'un basalte, résultant de la cristallisation lente du magma formé et stocké sous l'axe des dorsales. Les gabbros lités résultent de la formation de bancs (1 à 50 cm d'épaisseur) de cristaux par décantation, puis accumulation au sein du liquide magmatique ;

– Moho : la discontinuité de Mohorovicic souligne la limite entre croûte et manteau :

le Moho sismique est lié à un changement brutal de la structure des roches ;

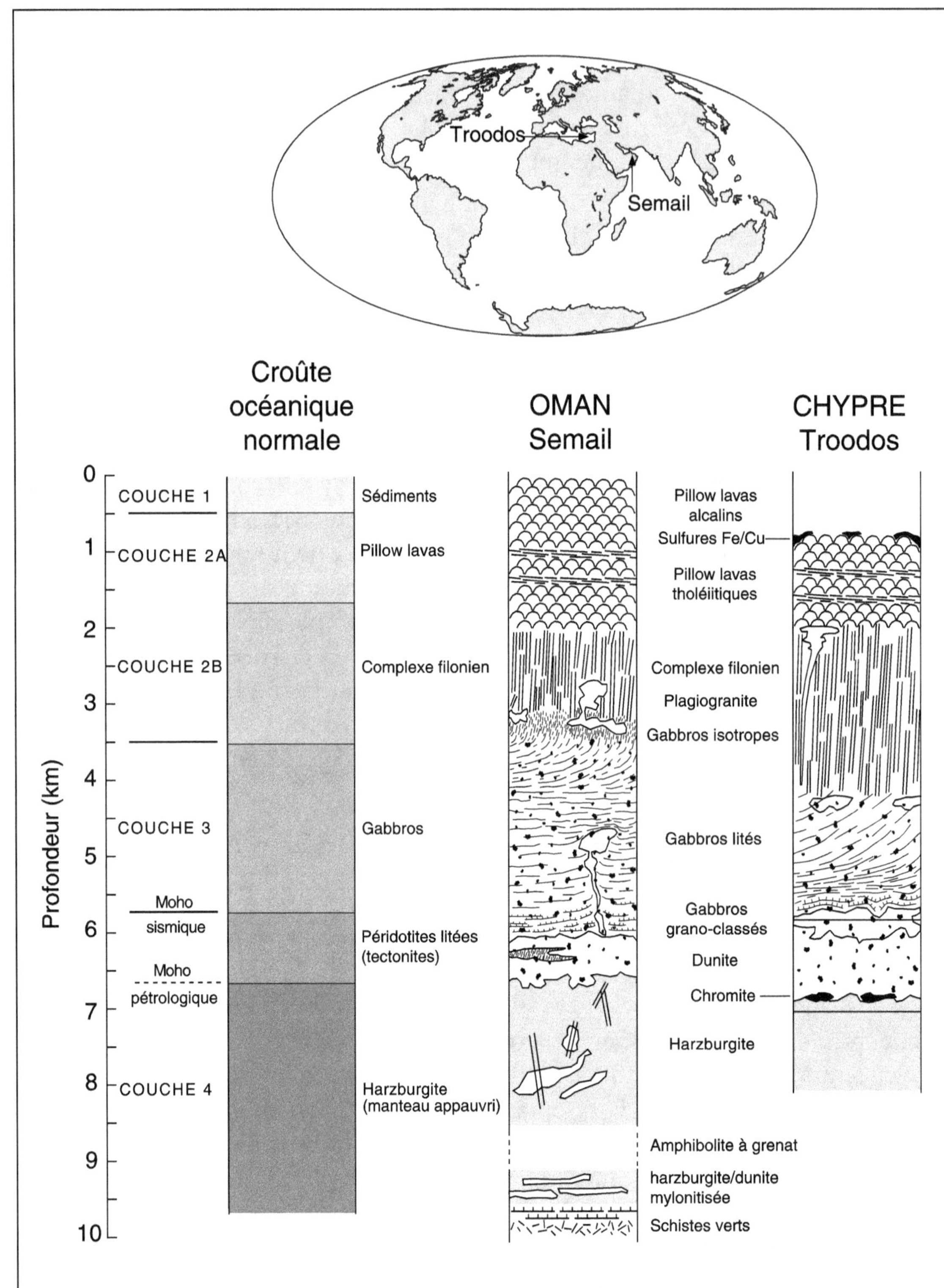

Figure 12. Croûte océanique et ophiolites. Les complexes ophiolitiques, en particulier ceux de Chypre et d'Oman, apportent une contribution fondamentale dans la compréhension de la formation de la croûte océanique. Ils permettent de modéliser la mise en place et le mode de cristallisation des magmas. Ils montrent aussi l'extrême complexité des réseaux filoniens s'introduisant dans la croûte à différents stades de sa formation. Si l'épaisseur de chaque couche varie, la séquence reste cependant inchangée.

le Moho pétrologique se rapporte à l'apparition des roches constituant le manteau (harzburgite) ;

– couche 4 : péridotites litées, très riches en cristaux d'olivine (> 90 % forment une zone de transition complexe entre les deux Mohos) et harzburgites, péridotites riches en olivines et orthopyroxènes, qui représentent la fraction résiduelle du manteau (80 à 85 % environ) qui n'a pas fondu. On nomme aussi cette partie de « manteau appauvri » car c'est là que furent extraits les magmas dont la cristallisation a formé les couches supérieures.

L'accrétion océanique

L'accrétion désigne le processus par lequel se créent régulièrement de nouvelles portions de croûte océanique. Comme le volume le plus important des matériaux nouveaux est de nature intrusive, donc caché à l'observation, une très faible fraction s'exprime en surface sous forme d'épanchements de lave généralement canalisés dans le rift des dorsales. Ces coulées proviennent de l'extrusion d'une sorte de trop plein de magma, au travers des fissures et failles tectoniques qu'elles recouvrent sur de grandes surfaces en formant des champs de laves plates (photos 2A, 2B et 3).

Plus la vitesse d'expansion des dorsales est grande et plus l'activité magmatique est importante. Les dorsales rapides sont ainsi les seules sous lesquelles des chambres magmatiques ont été mises en évidence de manière claire, grâce en particulier aux mesures sismiques sur la dorsale du Pacifique est à 9° 30' N. La présence de magma en profondeur entraîne, en effet, une diminution notable de la vitesse des ondes sismiques. Il ne s'agit en fait pas de cavités pleines de magma, mais de régions partiellement fondues où des roches solides, des cristaux et des liquides magmatiques cohabitent et où se forme la croûte océanique (cf. figure 9). De tels réservoirs seraient larges de 2 à 3 km, et leur toit serait situé parfois à moins de 1,2 km sous le plancher du rift. De plus, leur présence fut détectée sur plus de 61 % d'un parcours de 500 km environ, effectué le long de l'axe de la dorsale entre 8° 50' N et 13° 30' N.

Périodicité de l'activité magmatique

La périodicité de remontées magmatiques est liée à une tectonique de distension. L'évidence d'un cycle tectono-magmatique a été constaté lors des premières études détaillées effectuées par submersible (campagnes *Géocyarise*, 1984 et *Naudur*, 1994) sur l'axe de trois segments de dorsales ultrarapides du Pacifique est, situés entre 17° S et 21° S (Renard *et al.*, 1985).

Le volcanisme et l'hydrothermalisme, en un lieu donné, ne sont pas des phénomènes continus dans le temps. À des phases d'intense activité, caractérisées par

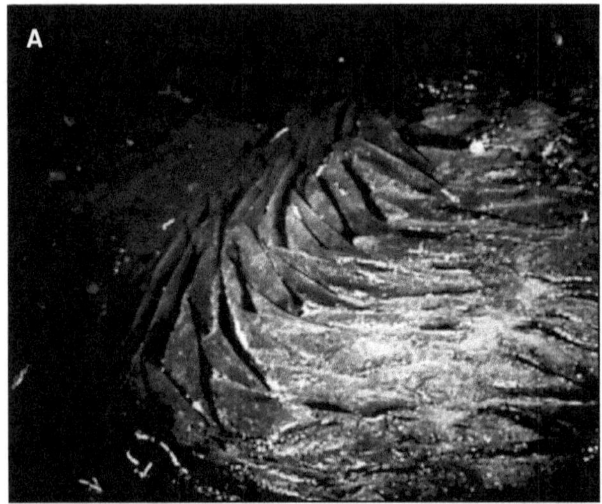

Photo 2A (© Ifremer-*Cyana*/Campagne *Geocyarise 1*, 1984). **Segment de la dorsale EPR (East Pacific Rise) à 17° S, plongée 07, prise de vue n° 216, profondeur 2 565 m.**
Photo 2B (© Ifremer-*Cyana*/Campagne *Cyatherm* 1982). **EPR à 13° N, plongée 09, prise de vue n° 587, profondeur 2 608 m.**
Par sa morphologie en cuvette allongée, le rift est l'endroit idéal pour la formation des laves plates qui résultent principalement d'un épanchement rapide de magma sur une surface faiblement inclinée, où le flot s'accumule plutôt qu'il ne s'écoule.
A) Une coulée de lave fluide avec des surfaces plissées et extrêmement fraîches a été observée sur l'axe de la dorsale Pacifique est à 17° 26' S par 2 565 mètres. Cette lave récente a recouvert d'autres coulées plus anciennes de type lobées et a formé un dôme volcanique à l'axe de la dorsale.
B) Les surfaces de ces coulées sont abondamment fissurées par les tensions mécaniques qui affectent la lave au cours de son refroidissement par 2 608 m à 13° N.

Photo 3 (© Ifremer-*Cyana*/Campagne *Cyatherm* 1982). **EPR à 13° N, plongée 09, prise de vue n° 611, profondeur 2 606 m.**
Les coulées plates du rift montrent parfois des topographies tourmentées. La pression de la lave, sous les « carapaces » rapidement figées au contact de l'eau de mer, entraîne souvent la formation de dômes circulaires ou allongés de moins de 10 m de hauteur, analogues aux tumuli des domaines aériens. Les blocs ainsi disloqués permettent d'avoir une bonne vision de la structure interne de la coulée.

l'épanchement de coulées de lave et de produits hydrothermaux tels que les sulfures, succèdent des périodes plus calmes où l'émanation de fluides hydrothermaux et de magma peut s'arrêter. Les observations ont permis d'identifier trois segments de dorsales caractérisant leur évolution volcanique et morphologique au cours d'une phase d'activité (figures 13A et 13B) :

1) un segment en forme de dôme (exemple de la zone à 17° 26' S par 2 585 mètres de profondeur), semblable à un volcan bouclier, qui dévoile une activité volcanique récente sur plus de 700-800 mètres à l'axe de la dorsale, caractérisée par une succession de lacs de lave allongés dans la direction de l'axe (cf. figures 13A et 13B). Aucun signe de tectonique récente n'a pu être constaté, mais seulement la présence d'émanations d'eau chaude (moiré). Ce segment semble être dans une période d'activité volcanique importante avec sans doute des éruptions fréquentes, ainsi que l'atteste le degré de fraîcheur des coulées et la quasi-disparition de traces d'hydrothermalisme (cheminées et sédiments hydrothermaux) (photo 2A) ;

2) un segment de dorsale (18° 30' S) avec une vallée axiale (graben), par 2 640 mètres de profondeur, large de 100 à 200 mètres et profonde de 50 à 100 mètres qui révèle une tectonique active (fissures et failles). Ici, l'activité hydrothermale est en déclin. Les cheminées hydrothermales fossiles, ou très peu actives, montrent des émanations de fluide clair à basse température. Le plancher du graben est fait de laves lobées. Des éboulis de pente en bordure des murs mettent en évidence des veines de minéralisation (cf. figure 13B) ;

3) un segment montrant une vallée axiale bien développée (à 21° 26' S) de 50 mètres de profondeur et 1 km de large, par 2 830 mètres de profondeur. Il montre une activité hydrothermale très intense avec production de fumeurs noirs et avec de nombreux édifices atteignant jusqu'à 20 mètres de hauteur. Le plancher du graben est constitué de laves lobées et de rares pillow lavas (cf. page 56). Ce segment est typique d'une phase tectonique d'extension active, liée à la présence d'une chambre magmatique proche de la surface.

La structure en forme de dôme et le degré de fraîcheur des coulées témoignent du passage d'une activité volcanique intense vers une activité hydrothermale plus prononcée. Le déclin de l'activité volcanique est lié au retrait et au refroidissement de la chambre magmatique sous-jacente. La structure en forme de dôme laissera place, après des effondrements successifs, à la formation d'un rift ou graben (dépression) tectonique, accompagnée d'une activité hydrothermale intense. Ceci durera jusqu'à l'apport d'un nouveau magma à travers la lithosphère fissurée, marquant ainsi le début d'un nouveau cycle volcanique.

Le plancher du rift de la dorsale Pacifique est à 13° N

Le segment de la dorsale EPR (East Pacific Rise) à 13° N, situé à une profondeur de 2 600 m, comprend une crête de 37 kilomètres de long, et de 1 500 m de large. Cette crête est occupée par une dépression tectonique centrale appelée rift. Bordée de falaises verticales, la dépression est profonde d'environ 50 m

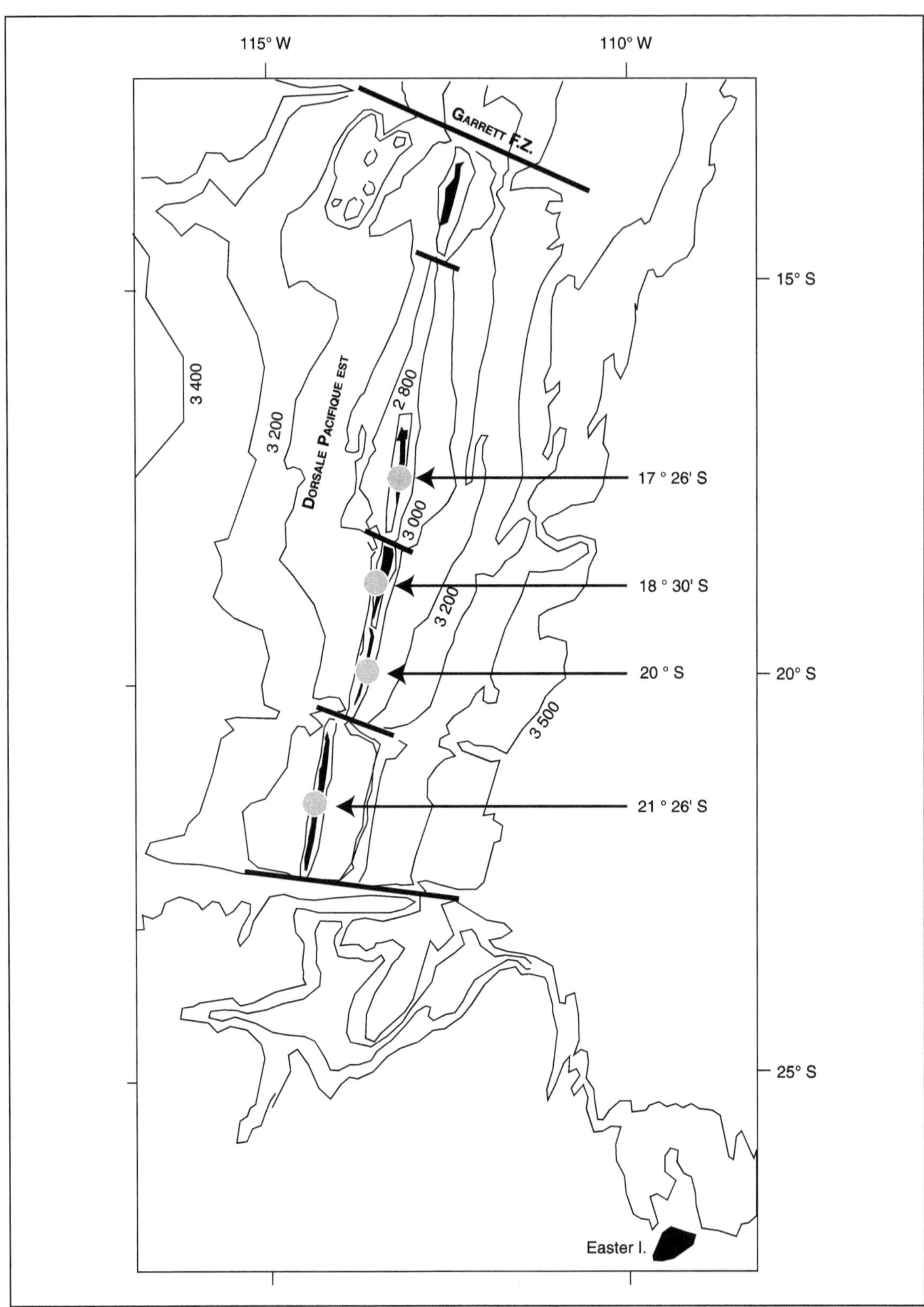

Figure 13A. Segments de la dorsale du Pacifique sud. Carte bathymétrique de localisation des plongées *Cyana* (1984) et *Nautile* (1994) (marquées par un point grisé). Les segments de la dorsale du Pacifique est, aux alentours de 16° S-20° S, sont marqués à leur centre par un axe qui correspond à un haut topographique (zone grisée), le long de l'axe de dorsale. Garrett F.Z. : Garrett Fracture Zone.

pour une largeur de 300 m. C'est dans cet axe privilégié, situé à l'aplomb du réservoir magmatique, que se concentrent les activités tectoniques, volcanique et hydrothermale. La surface couverte par l'exploration, soit plus de 600 km², comprend aussi les flancs de la dorsale découpés par un nombre impressionnant de failles tectoniques, ainsi que quatre volcans hors-axe situés à des distances comprises entre 1 et 18 km de l'axe de la ride.

L'activité volcanique d'une dorsale se concentre principalement dans sa partie axiale où sont regroupées les failles et les fissures tectoniques, ce qui permet au flot de magma une migration aisée vers la surface. La lave qui s'épanche vient

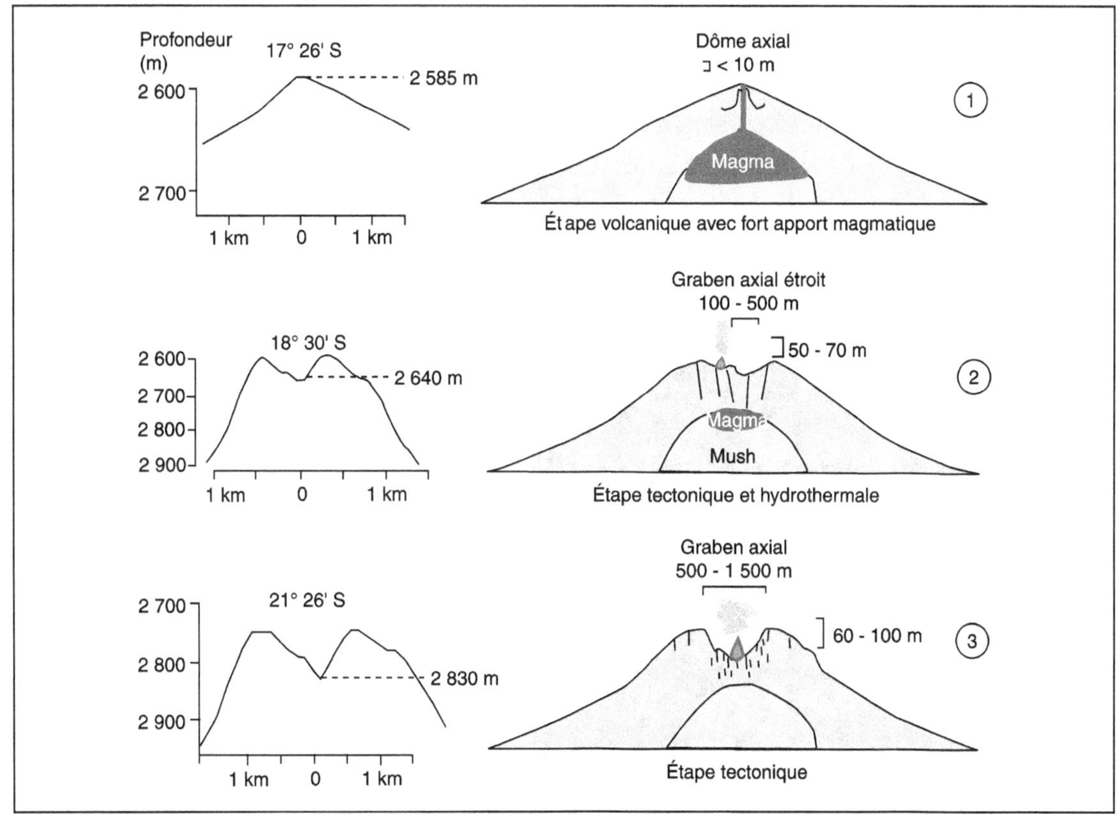

Figure 13B. Segments de la dorsale du Pacifique sud. Un exemple de périodicité magmatique et tectonique, décelée au niveau des segments de dorsale ultrarapide du Pacifique est entre 17° S et 21° S.

1) Stade volcanique intense avec apport magmatique et formation d'une structure en forme de dôme. Régime thermique élevé et absence d'activité tectonique. La formation de lave fluide et de lac de lave est prépondérante, tandis que l'activité hydrothermale devient diffuse.

2) Stade de refroidissement de la croûte océanique sous-jacente à l'axe de la dorsale, accompagné de mouvements tectoniques. Formation d'un graben central ou rift prononcé dû au retrait (diminution) de l'apport magmatique avec formation de laves lobées et en coussins (pillow lavas). Circulation de fluides et remontée de produits hydrothermaux contrôlées par le refroidissement de la croûte océanique et la tectonique.

3) Stade tectonique caractérisé par une absence d'activité volcanique qui est remplacée par de fortes activités hydrothermales de type « fumeur noir ». C'est aussi à ce stade que le cycle magmatique reprend de l'ampleur avec l'arrivée de nouvelles fissurations et d'injections magmatiques qui viendront remplir une partie du graben. Les pillow lavas sont plus abondants que dans les étapes précédentes.

ensuite parcourir une distance très courte depuis le réservoir magmatique où elle était stockée. Elle s'est donc peu refroidie lors de son ascension. Sa température élevée (> 1 200 °C) lui confère une grande fluidité lors de son arrivée en surface. Les coulées se mettent en place rapidement et parcourent parfois des distances importantes avant que leur progression ne soit stoppée. La vitesse d'épanchement est telle que le refroidissement brutal au contact de l'eau de mer ne semble pas trop affecter leur morphologie superficielle dont l'aspect plat (cf. photo 2B et photo 3), ou parfois lobé (photo 4), est comparable à celui des anciens lacs de lave du volcanisme aérien. Canalisée dans la dépression tectonique du rift, la lave tend à s'y accumuler et à former des coulées épaisses de plusieurs mètres.

L'important volume des coulées émises à chaque éruption tend à niveler les irrégularités topographiques du rift. L'activité tectonique est cependant si importante que les champs de lave sont vite fracturés et découpés en blocs qui, basculés par les mouvements tectoniques verticaux, découvrent les parties internes des coulées solidifiées (photos 5 et 6). On remarque alors les effets du refroidissement rapide par l'eau de mer. Une surface vitreuse sombre, de quelques centimètres d'épaisseur, forme l'enveloppe externe de la coulée. Dessous, la lave cristallise plus lentement

Photo 4 (© Ifremer-*Cyana*/Campagne *Geocyarise 3* 1984). **EPR à 13° N, plongée 29, profondeur 2 582 m.**
En général, les bombements à la surface des coulées signalent la présence de cavités engendrées par un retrait de la lave sous-jacente au moment de sa mise en place. L'enveloppe externe indique ainsi le niveau maximum atteint par le flot de lave.
Le réseau de cavités est parfois emprunté par les fluides hydrothermaux qui s'y refroidissent et se mélangent à l'eau de mer avant de s'exhaler.

Photo 5 (© Ifremer-*Cyana*/Campagne *Cyatherm* 1982). **EPR à 13° N, plongée 09, prise de vue n° 351, profondeur 2 511 m.**
Les mouvements tectoniques découpent et basculent des blocs à l'intérieur du rift. La structure superficielle des coulées est ainsi portée à l'affleurement. La carapace figée de verre basaltique, épaisse de quelques centimètres, est la première à se former au contact de l'eau. Dessous se dessine une prismatique grossière sur environ 20 cm d'épaisseur, produite par le retrait de la lave au cours de son refroidissement.

à l'intérieur d'une couche décimétrique où se développe une fracturation prismatique orientée perpendiculairement à la surface de refroidissement. Protégées par cette carapace, les zones plus internes des coulées laissent apparaître une structure massive (photo 7). Malgré l'importance du volcanisme effusif de la dorsale du Pacifique est, le plancher du rift à 13° N est loin d'être uniformément plat, la fracturation tectonique lui conférant une morphologie en marches d'escalier.

Une surface plissée

Ce qui frappe le plus l'observateur qui parcourt des yeux le plancher océanique dans l'axe de la dorsale, c'est l'extraordinaire similitude des surfaces de coulées sous-marines et aériennes. C'est le cas en particulier des coulées drapées qui caractérisent les champs de lave s'étendant dans le rift et sur les flancs latéraux de la dorsale (photo 8). Ces plis, qui affectent uniquement l'enveloppe superficielle des coulées, sont engendrés par des variations de vitesse d'écoulement qui apparaissent au sein d'une coulée fluide lors de sa mise en place. Les tensions mécaniques

Photo 6 (© Ifremer-*Cyana*/Campagne *Cyatherm* 1982). **EPR à 13° N, plongée 15, prise de vue n° 065, profondeur 2 609 m.** À l'intérieur du rift, certaines coulées ne sont épaisses que de quelques dizaines de centimètres. Elles recouvrent et parfois enveloppent de plus anciennes formations, adoucissant ainsi une topographie bouleversée par les mouvements tectoniques. La forme prismatique, toujours perpendiculaire aux surfaces de refroidissement, apparaît très nettement sur chacune de ces deux coulées superposées.

Photo 7 (© Ifremer-*Cyana*/Campagne *Cyatherm* 1982). **EPR à 13° N, plongée 27, prise de vue n° 165, profondeur 2 627 m.** Observé dans sa masse, le cœur d'une épaisse coulée montre une forme prismatique très grossière. Ce type de formation est probablement le plus représenté dans le rift, bien que rarement observé. Cet aspect massif caractérise certainement toutes les coulées qui remplissent les dépressions topographiques sans pouvoir s'en échapper.

occasionnées par ces variations provoquent le plissement de la surface sous forme de draperies ou de cordes. Par exemple, le flot de lave qui emprunte un chenal étroit voit sa vitesse chuter sur les bords à cause de l'effet de frottement. Apparaissent alors en surface des plis dont la courbure indique la direction de déplacement du flot.

Toutes les figures de déformation existant à la surface d'une coulée sont figées par le refroidissement d'une fine pellicule de lave superficielle. Cette couche ne doit pas être trop épaisse car elle serait alors indéformable ou bien fragmentée sous l'effet du mouvement général. Une fois le phénomène de plissement amorcé, il se développe jusqu'au moment où, les plis offrant une plus grande surface de contact avec l'eau, la surface totalement déformée devient rigide (photo 9). Il se produit alors une fragmentation progressive de cette dernière (photo 10). Les blocs et plaques de lave consolidés sont alors transportés sur le dos de la coulée, formant un enchevêtrement chaotique, appelé « slab lava » en volcanisme aérien. L'apparition des figures de plissement est une étape du refroidissement à la surface d'une coulée fluide. Lisse à proximité des points de sortie du magma, elle se plisse pour finalement se fragmenter dans sa partie distale. Le stade final de ce processus de fragmentation est l'apparition d'une coulée *«aa »*, comme celles qui sont observées sur le volcan mont Western, situé sur la dorsale du Pacifique est à 11°20' N.

Des cavités abandonnées

Un lac de lave se forme lors de l'emprisonnement d'une certaine quantité de lave dans une dépression topographique. C'est en fait un réservoir naturel. La lave provient de l'extérieur de la dépression par un chenal, ou bien de l'intérieur, comme c'est souvent le cas à Hawaii où des éruptions prennent naissance sur le pourtour intérieur de cratères d'effondrement appelé *pit-craters*.

Dans le rift, les dépressions tectoniques sont très nombreuses, délimitées par des fissures au travers desquelles le magma s'épanche en surface. Lorsque la dépression est parfaitement close, le flot de lave la remplit, formant ainsi un lac qui mettra longtemps avant de se solidifier complètement, malgré son origine sous-marine. Lorsque la dépression n'est pas parfaitement close, du fait par exemple de la fissuration environnante, la lave s'accumule à l'intérieur tant que le débit de remplissage est supérieur à celui de la vidange. Lorsque le remplissage atteint son niveau maximum, la surface de cette poche de lave se solidifie en une carapace faite de grands lobes de quelques mètres de diamètre (photos 11, 12 et 13).

L'intensité de l'éruption diminuant, le remplissage ne compense plus l'écoulement vers l'extérieur et le lac se vide progressivement (figure 14). Au fur et à mesure que le niveau du lac décroît, une nouvelle surface solidifiée se forme. Celle-ci, très éphémère, ne laisse qu'une trace stratiforme sur les parois de la cavité. La succession de ces strates parallèles et horizontales témoigne de l'existence d'un ancien lac de lave (photos 14 et 15).

Photo 8 (© Ifreme/R.Hekinian/Campagne *Sea-rise 2*, 1980). **EPR à 20° S, drague à roche 7.** Échantillon de basalte de type cordé, prélevé par draguage à 2 950 mètres de profondeur. Prélèvement effectué sur la dorsale du Pacifique sud (position 20° 03,25'S et 113° 41,65' W).

Photo 9 (© Ifremer-*Nautile*/Campagne *Hero* 1991). **EPR à 9° N, plongée 07, profondeur 2 626 m.** Lors de la mise en place d'une coulée, sa surface qui possède encore une certaine plasticité se déforme et se plisse sous l'effet de l'avancée du flot. Relativement communes dans le milieu aérien, ces formes sont exceptionnelles dans le domaine marin où la surface vitreuse des coulées se fige rapidement. Deux coulées de lave peuvent se succéder rapidement : une coulée de lave plate est recouverte (en clair) par une coulée cordée plus récente (en foncé). Ces surfaces se forment à proximité des bouches éruptives.

Photo 10 (© Ifremer-*Cyana*/Campagne *Cya-therm* 1982). **EPR à 13° N, plongée 15, prise de vue n° 036, profondeur 2 615 m.** La progression de la coulée s'accompagne d'un refroidissement et l'épaississement de la surface vitreuse. Après une déformation plastique, celle-ci devenue trop rigide se fracture. Le refroidissement agit plus profondément et se forme alors une couverture de blocs anguleux, représentant des fragments de l'ancienne surface, dont certains ont gardé une forme plissée ou cordée.

L'eau de mer, omniprésente dans les cavités et les fissures du rift, se trouve piégée sous les lacs de lave qu'elle traverse pour jaillir à leur surface. En s'échappant, l'eau forme des colonnes de fluides ascendants autour desquelles la lave se fige. Par la suite, la vidange du lac met au jour cette lave solidifiée qui forme alors des piliers de lave (cf. photo 12). Ces derniers, qui parsèment les lacs, supportent les toits rendus fragiles par leur extrême finesse. Il existe ainsi, dans l'axe des dorsales, des cavernes qui peuvent atteindre une dizaine de mètres de haut, si vastes que les pilotes et les scientifiques explorant les dorsales à bord des submersibles ont pu les traverser sans s'en rendre compte.

Photo 11 (© Ifremer-*Cyana*/Campagne *Cyatherm* 1982). **EPR à 13° N, plongée 18, prise de vue n° 074, profondeur 2 629 m.** Les laves lobées sont des formes caractéristiques du rift. Elles sont produites lors de l'épanchement rapide d'un important volume de lave fluide. Ces surfaces dissimulent parfois de vastes cavernes, les lacs de lave, où la coulée a séjourné avant de se retirer. Difficilement repérables, les lacs de lave ne sont révélés qu'à la faveur d'un effondrement de leur toit.

Photo 12 (© Ifremer-*Cyana*/Campagne *Cyatherm* 1982). **EPR à 13° N, plongée 31, prise de vue n° 631, profondeur 2 624 m.** Les toits des lacs de lave doivent leur existence à une architecture naturelle qui allie une morphologie bombée à des piliers servant de support. Ces constructions volcaniques sont très fragiles et ne résistent pas aux séismes. Elles sont aussi rapidement recouvertes par de nouvelles coulées. Témoins des plus récentes éruptions, on ne les trouve qu'à l'intérieur du rift.

Photo 13 (© Ifremer-*Cyana*/Campagne *Cyatherm* 1982). **EPR à 13° N, plongée 19, prise de vue n° 265, profondeur 2 627 m.** Les champs de laves lobées cachent généralement d'anciens lacs de lave dont ils forment le toit. On ne connaît pas exactement les dimensions de ces cavités. Les plus hauts piliers de lave jamais mesurés atteignent 15 m environ, ce qui laisse présager l'existence de véritables cavernes sous-marines à l'intérieur desquelles, sans le savoir, les submersibles ont peut-être navigué.

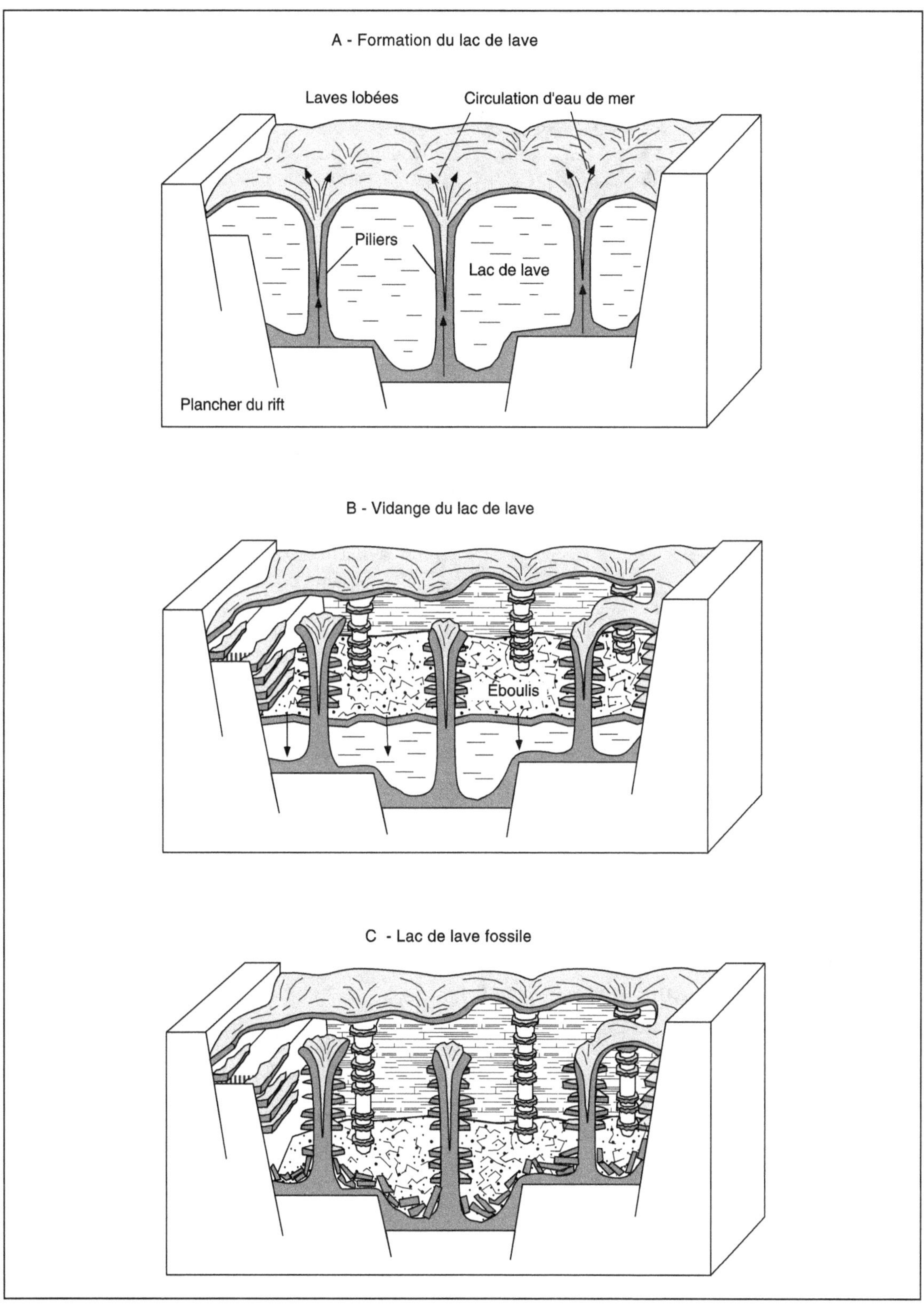

Figure 14. Formation d'un lac de lave. A) À l'intérieur d'une dépression topographique s'accumule une coulée de lave fluide : il y a formation d'un lac de lave. Les échanges thermiques sont limités et cette coulée reste liquide longtemps. **B)** De l'eau de mer emprisonnée sous le lac va s'échapper en figeant la lave à son contact, formant ainsi les piliers. **C)** Le lac se vide laissant derrière lui les formes figées : les piliers et le toit.

Photo 14 (© Ifremer-*Cyana*/Campagne *Cyatherm* 1982). **EPR à 13° N, plongée 31, prise de vue n° 153, profondeur 2 621 m.** Hauts de quelques mètres, de nombreux piliers jalonnent le fond du rift, derniers vestiges d'un ancien lac de lave. Ils sont issus de la circulation d'eau de mer piégée sous ce lac au moment de sa formation. La lave, rapidement refroidie au contact des fluides, se fige en colonnes verticales à la surface desquelles la vidange du lac inscrit ses marques sous forme de stries et de strates.

Photo 15 (© Ifremer-*Cyana*/Campagne *Cyatherm* 1982). **EPR à 13° N, plongée 07, prise de vue n° 061, profondeur 2 523 m.** Cette pseudo-stratification de certaines parois du rift est obtenue après vidange d'un lac de lave. Chaque strate correspond à la trace laissée par la surface de la lave à chaque étape de l'abaissement du niveau du lac. Si ces niveaux sont encore visibles après le retrait de la lave, c'est à cause de « l'effet de trempe » qui permet littéralement de souder les bords du lac sur les parois et sur les piliers.

Le pillow lava, une figure légendaire

Le volcanisme sous-marin présente toutes sortes de morphologies, dont la diversité n'a rien à envier au domaine aérien. Le pillow lava, signifiant lave en coussin, est cependant la forme la plus fréquente et la plus représentative des coulées de lave en milieu aquatique (photos 16 et 17).

Le pillow est une forme ronde que revêt la lave lorsqu'elle s'écoule dans un milieu où la présence d'eau entraîne son refroidissement rapide en produisant, en particulier, une enveloppe vitreuse faite de verre volcanique, figé par effet de trempe. La surface de cette enveloppe est grossièrement sphérique. On parlera de pillow bulbeux si la sphère est complète, et de pillow allongé ou pillow tubulaire si la forme est cylindrique. Le premier cas correspond à l'effusion d'un volume faible et limité de lave. Le second est plutôt l'expression, le long d'une pente, du chemin suivi par la lave constituant son propre tunnel au fur et à mesure de sa progression. Les deux formes, sphérique et tubulaire, sont les deux pôles parfaits d'une invraisemblable diversité de morphologies.

Lorsque la lave perce en surface, elle est immédiatement contenue dans une enveloppe vitreuse qui freine son extrusion. La pression qui s'exerce sur les parois de cette enveloppe est la même dans toutes les directions. L'enveloppe acquiert donc une forme sphérique. Le pillow lava croît, son enveloppe s'agrandit. Cependant, considérant que le débit de lave reste constant, plus le volume du pillow lava augmente et plus le taux d'accroissement de sa surface diminue. L'enveloppe vitreuse s'épaissit alors jusqu'au moment où elle sera assez forte pour résister à la pression interne de la lave. Le pillow s'arrête de grossir ou bien il craque (photo 18). Sur une pente, la gravité attire le flot vers l'aval, entraînant la formation d'un pillow tubulaire.

Les étapes de la croissance d'un pillow lava, qui s'enregistrent sur la croûte durcie, sont caractérisées par quelques traits morphologiques dont la succession et la répétition sont à l'origine de la complexité des formes (figure 15) :
– a) le pillow croît vers le bas et la nouvelle croûte se forme au niveau d'une fissure circulaire incandescente (1). Lorsque la croûte solidifiée se fissure à l'emporte-pièce, un nouveau pillow, appelé « *trapdoor* » ou « en pâte de dentifrice », se forme (2). Ses parois sont striées au passage de la bordure circulaire ;
– b) la croissance du pillow produit à sa surface des ondulations, ou corrugations, parallèles à la direction de croissance (3). Des fissures longitudinales

Photo 16 (© Ifremer-*Cyana*/Campagne *Geocyarise 3* 1984). **EPR à 13° N, plongée 24, prise de vue n° 315, profondeur 2 623 m**. Le pillow lava est la forme la plus représentative des épanchements de lave en milieu aquatique ou très riche en eau. Il se présente le plus souvent sous un aspect circulaire, sorte de « grosse boule » couverte de rides et de fissures apparues au moment de sa formation. Sa couleur brune, due à une altération superficielle, masque son enveloppe vitreuse sombre et brillante.

Photo 17 (© Ifremer-*Cyana*/Campagne *Geocyarise 3* 1984). **EPR à 13° N, plongée 24, prise de vue n° 313, profondeur 2 623 m**. Les coulées les moins récentes sont recouvertes d'une fine couverture de sédiments. Ceux-ci sont des boues calcaires argileuses. C'est grâce à la rapidité à laquelle les éruptions se répètent dans le rift que la grande majorité des formations volcaniques sont libres de sédiments. En effet, ces derniers, transportés par les courants du fond, tendent à s'accumuler et à remplir les interstices formés entre les pillow. Le poulpe à oreille est visible.

peuvent apparaître sous l'effet de la pression (4). De son côté, le *trapdoor* se courbe sous son propre poids (5) ;
– c) lorsque le pillow se fracture et s'ouvre rapidement, apparaissent alors des failles d'extension en escalier (6), perpendiculaires à la direction de croissance. Sur les parois du *trapdoor*, des protubérances naissent suite à l'ouverture de nouvelles fractures (7).

Photo 18 (© Ifremer-*Cyana*/Campagne *Cyatherm* 1982). **EPR à 13° N, plongée 09, prise de vue n° 469, profondeur 2 628 m.** Les pillow lavas ont un diamètre qui excède rarement un mètre. Dès que la taille est trop importante, l'enveloppe se fissure pour laisser échapper la lave et donner naissance à un nouveau pillow. C'est ainsi que les coulées progressent. Chaque nouveau tube sert de canalisation à la lave qui peut ainsi parcourir des distances considérables, depuis la bouche éruptive, sans jamais rencontrer l'eau.

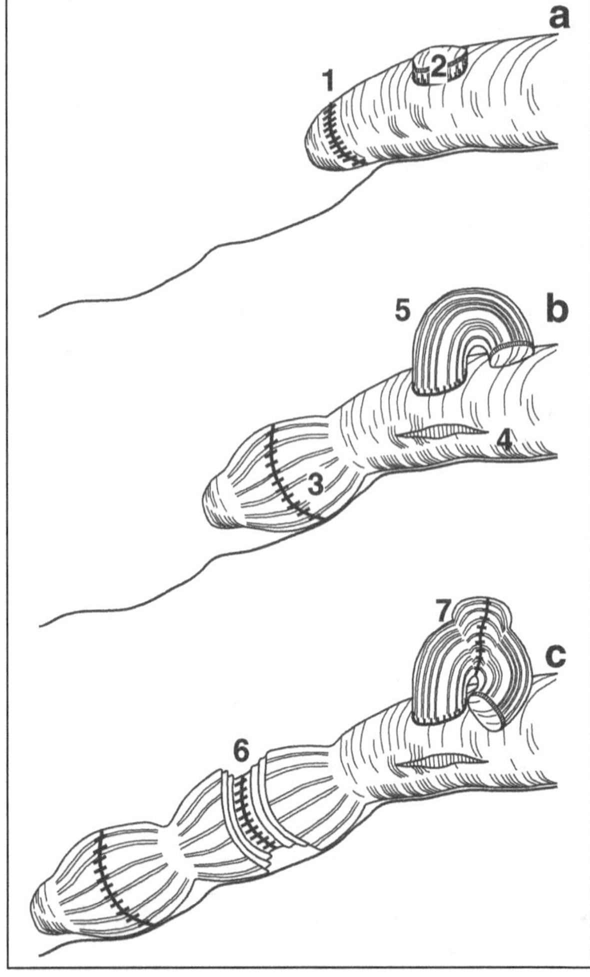

Figure 15. Croissance d'un pillow lava. Les caractéristiques morphologiques inscrites sur l'enveloppe figée d'un pillow lava permettent de retracer les différentes étapes de la croissance de ce dernier (d'après Ballard et Moore, 1977). C'est la succession et la répétition désordonnée de différentes phases de croissance qui vont produire l'extrême diversité des morphologies que l'on peut observer (voir le texte).

Anatomie d'un pillow lava

Vu en coupe, un pillow lava montre en général une forme circulaire contenant un ensemble de détails morphologiques plus ou moins bien représentés. Ces formes, telles que décrites dans la figure 16, restent dans certains cas parfaitement conservées, notamment pour les anciens pillow lavas des complexes ophiolitiques :

1) les ondulations superficielles (ou corrugations) ainsi que les fissures et d'autres aspérités superficielles mineures se sont formées au moment de la croissance du pillow lava ;
2) la bordure vitreuse, faite d'un verre volcanique sombre, est issue de la trempe de la lave qui, à plus de 1 100 °C, rentre au contact de l'eau à 2-4 °C ; une fois formée, elle joue un rôle d'isolant dans les échanges de chaleur ;
3) sous la couche vitreuse la plus externe, apparaît parfois une fracturation polygonale engendrée par les tensions mécaniques subies par le verre ;
4) les lits concentriques de vésicules sont attribués aux variations du flux de lave traversant le pillow lava au cours de l'éruption ;
5) des vésicules radiales sont issues de l'échappement des gaz volcaniques sous pression, retenus prisonniers dans le pillow lava ;
6) la concentration et la coalescence de vésicules confèrent à certaines zones centrales un aspect scoriacé ;
7) des joints de refroidissement radiaux et concentriques se créent dans la masse ; ils sont à l'origine de l'aspect étoilé, si particulier, des sections transversales des pillow lavas ;
8) le pédoncule inférieur du pillow lava est produit par déformation plastique de celui-ci lors de sa mise en place au-dessus de deux pillow lavas adjacents ;
9) lieu de remplissage entre les pillow lavas de sédiments et d'hyaloclastites, des échardes de verre détachées des enveloppes vitreuses ;
10) ancien niveau de lave figée, parfois agrémentée de stalactites, indiquant une vidange partielle du tube avant sa cristallisation. Ce sont d'excellents critères de polarité qui déterminent l'orientation d'une structure volcanique, aujourd'hui incluse dans une chaîne de montagne.

Le bourgeonnement des pillow lavas

La surface de certains pillow lavas est parfois décorée d'une multitude de petits bourgeons allongés montrant une forme arrondie (photos 19 et 20). Chacune de ces excroissances dépasse rarement les 10 cm de diamètre pour une longueur inférieure à 30-40 cm. Ces excroissances apparaissent principalement sur les flancs, dans la moitié inférieure des pillow lavas et, plus rarement, au sommet. La dimension ainsi que la forme de ces excroissances ne sont pas sans rappeler

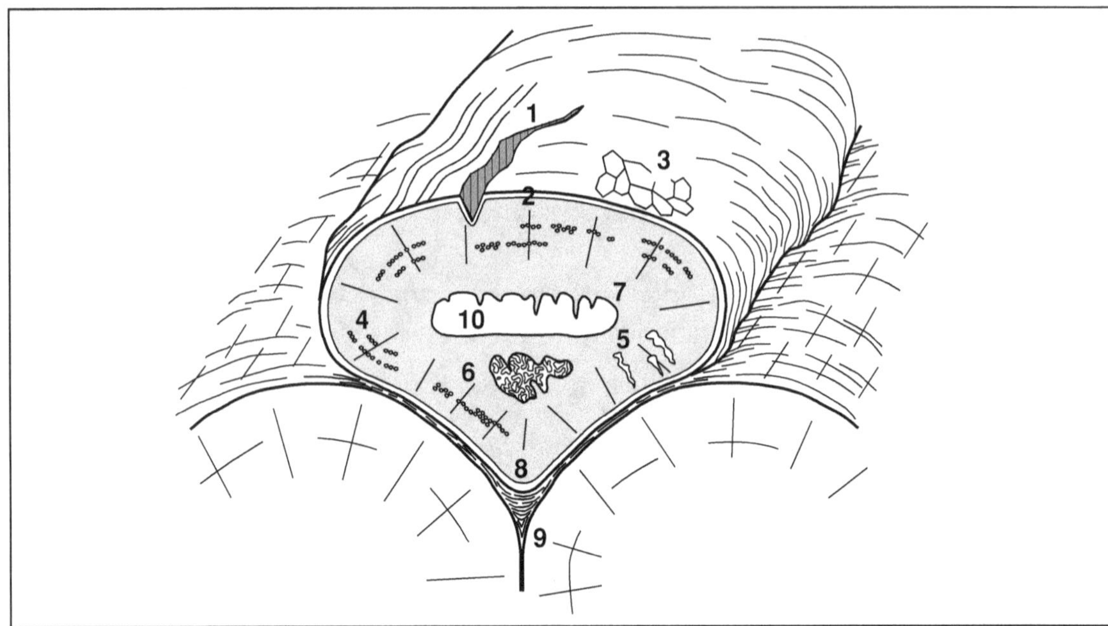

Figure 16. Section schématique d'un pillow lava. Les observations effectuées sur les fonds marins ou bien encore sur la terre ferme ont permis de dresser le portrait-type du pillow lava, représenté par la section transversale d'un tube de lave. Il est assez rare que toutes les caractéristiques mentionnées ici soient présentes sur un même pillow. Elles sont en général plus ou moins développées, d'où une grande diversité morphologique.

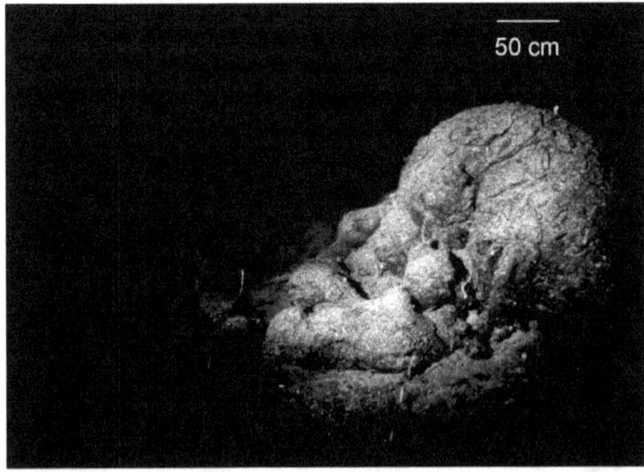

Photo 19 (© Ifremer-*Cyana*/Campagne *Geocyarise 3* 1984). **EPR à 13° N, plongée 24, prise de vue n° 350, profondeur 2 620 m.** Les excroissances des pillow lavas apparaissent principalement dans la moitié inférieure. Ces bourgeons croissent vers le bas en suivant la ligne de plus grande pente sur le flanc des pillow. On remarque cependant que certains d'entre eux se sont formés sur le sommet. Ils sont alors très courts et pointus, constituant de petites cornes presque entièrement faites de verre volcanique.

Photo 20 (© Ifremer-*Cyana*/Campagne *Cyatherm* 1982). **EPR à 13° N, plongée 09, prise de vue n° 405, profondeur 2 604 m.** Les pillow lavas affectés de bourgeons ont été observés tout le long de la dorsale du Pacifique est à 13° N. Cependant, ce type de morphologie est relativement peu abondant, comparativement aux autres. Certains pillows sont particulièrement affectés par le phénomène de bourgeonnement jusqu'à en être presque totalement recouverts.

les digitations extrêmement fines qui apparaissent à la surface des coulées fluides aériennes de type « pahoehoe ».

Du fait de leur petite taille, les bourgeons se refroidissent très rapidement et développent des surfaces vitreuses plus épaisses que celles qui sont formées sur le pillow lava qui les supporte. Certains d'entre eux sont constitués uniquement de verre et ne possèdent ainsi aucune partie microlitique. Cependant, ils développent les mêmes caractéristiques morphologiques de surface, comme les stries de croissance, que les pillow lavas de plus grande dimension. Cette constitution, dominée par la présence du verre volcanique, entraîne de fortes contraintes mécaniques qui les fragilisent et les rendent très vulnérables. On observe le phénomène de bourgeonnement sur des coulées relativement récentes.

La présence de ces excroissances sur les pillow lavas suggère une lave très fluide se déversant rapidement avant d'être figée. La vitesse d'épanchement doit cependant être assez faible pour permettre à la masse principale du pillow lava de se former, puis de se fracturer pour laisser s'échapper le volume nécessaire à la formation du bourgeon. Celui-ci s'oriente alors dans le sens de la plus grande pente. Un débit de lave trop important entraînerait une forte pression interne, l'éclatement de la surface et la formation d'un nouveau pillow lava.

Une chape de pillow lavas

Le volcanisme fissural à l'axe du rift produit une quantité importante de pillow lavas sur l'ensemble des dorsales océaniques. Ils prennent place dans les dépressions tectoniques en scellant les parois des failles. Ils sont aussi à l'origine de la formation d'une grande quantité d'éboulis. Une coulée ressemble plutôt à un cône volcanique constitué de pillow lavas ronds et tubulaires. La longueur des coulées dépasse rarement quelques centaines de mètres. Les fronts de ces coulées sont constitués de pillow lavas tubulaires, inclinés à 30° ou 40°, et d'un talus d'éboulis issus de la fragmentation de ces derniers. Ils sont parfois soulignés par une falaise verticale découpée dans des pillow lavas trop inclinés pour ne pas se briser.

Chaque tube est en fait relié au reste de la structure et la partie visible n'est que la fraction terminale d'un très long conduit au travers duquel la lave a transité depuis la bouche éruptive. Les formes cylindriques sont extrêmement complexes avec des ramifications, des coudes et des rétrécissements, l'ensemble étant ponctué de protubérances sphériques d'un diamètre compris entre 10 cm et 1 m. Les pillow lavas aplatis dépassent ces dimensions. Ils sont principalement localisés dans la zone sommitale des évents volcaniques où ils forment une topographie relativement plane. Ils marquent l'emplacement de la bouche éruptive. Du fait d'une croissance très rapide, la lave a été confinée dans un pillow lava dont l'enveloppe peu épaisse s'est déformée sous l'effet de la gravité.

Les tubes se ramifient, divergent et surtout se rétrécissent dans leurs parties distales. Lorsque la lave les parcourt, elle est refroidie par l'eau de mer qui baigne les tubes. Tant que le flot de lave compense cette perte, les tubes progressent. Au bout d'un moment, la surface de contact des tubes avec l'eau de mer est telle que les pertes de chaleur ne sont plus compensées. La lave commence à se figer, bouchant progressivement le tube principal. La coulée arrête sa progression horizontale au profit d'une croissance verticale par formation d'un nouveau tube à partir du point d'émission.

Les sources chaudes du fond des mers

Des études géophysiques menées le long des dorsales océaniques ont permis de constater un déficit du flux de chaleur par rapport aux valeurs théoriques. Cette perte de chaleur à été attribuée à des circulations d'eau de mer dans la croûte océanique qui canalisent et évacuent rapidement l'énergie thermique. L'eau pénètre par les fractures et fissures de la jeune croûte et ressort en des lieux localisés sur l'axe des dorsales : les sites hydrothermaux. En moyenne, près de 30 à 40 % de la chaleur est dissipée par cette circulation hydrothermale.

Les premières observations relatant l'existence d'une activité hydrothermale sur les rides océaniques ont été faites en 1974, lors de l'expédition FAMOUS, sur la dorsale Atlantique-nord, au sud des Açores par 37° N. Depuis, grâce à de nouvelles techniques de cartographie et de mesure des températures et des teneurs en méthane et manganèse dissous dans l'eau de mer, de nombreux sites hydrothermaux ont été découverts. Cependant, ces investigations ne remplacent pas l'observation visuelle directe, soit par l'intermédiaire de caméras de télévision tractées à 10 m au-dessus du fond, soit par submersible.

C'est dans le Pacifique oriental que les premiers sulfures polymétalliques ont été trouvés, tout d'abord sur la dorsale des Galápagos par le submersible *Alvin*, en 1977, puis sur la dorsale du Pacifique est par la soucoupe *Cyana*, au cours de l'expédition Cyamex de 1978 (Cyamex, 1980). Mais c'est le 21 avril 1979, sur la dorsale du Pacifique est par 2 620 m de profondeur, entre les zones de fractures Rivera et Tamayo, qu'ont été observés pour la première fois des fumeurs noirs, véritables bouches hydrothermales crachant des fluides chargés de métaux en solution à une température de plus de 350 °C et formant des édifices de sulfures polymétalliques. Plus tard, en 1982, des édifices semblables ont été trouvés plus au sud de la dorsale du Pacifique à 13° N (cf. figures 6 et 7 ; photos 21, 22 et 23). Ces découvertes perçaient à jour un étonnant processus de refroidissement et d'altération de la croûte océanique.

Photo 21 (© Ifremer-*Cyana*/Campagne *Cyatherm* 1982). **EPR à 13° N, plongée 15, prise de vue n° 226, profondeur 2 624 m.** Le corps des cheminées hydrothermales est issu de la cristallisation des sulfures polymétalliques contenus dans les fluides hydrothermaux au moment de leur refroidissement, par contact avec l'eau de mer. Ces cheminées atteignent facilement plusieurs mètres de hauteur, mais sont relativement fragiles en raison de parois très fines et d'une constitution très poreuse.

Photo 22 (© Ifremer-*Cyana*/Campagne *Cyatherm* 1982). **EPR à 13° N, plongée 31, prise de vue n° 505, profondeur 2 621 m.** Les fumeurs noirs constituent le spectacle le plus extraordinaire qui soit, par 2 600 m de profondeur. Ils témoignent de l'activité volcanique et magmatique actuelle de la dorsale du Pacifique est. Ils déchargent dans l'eau de mer une très grande quantité de sels et de sulfures polymétalliques à une température atteignant 380 °C et sont à l'origine de véritables oasis où la vie abonde.

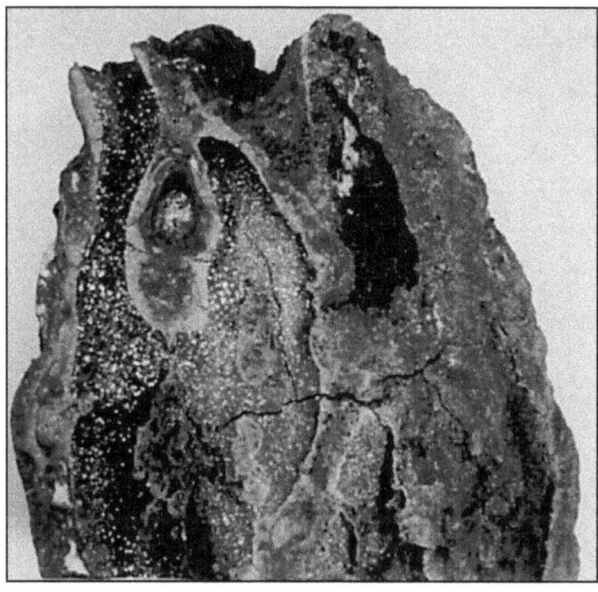

Photo 23 (© Ifremer/R. Hekinian/Campagne *Cyatherm* 1982). **EPR à 13° N, plongée 31, prise de vue n° 02 : section d'une cheminée hydrothermale.** Les cheminées hydrothermales sont constituées par tout un réseau de petits canaux interconnectés à travers lesquels les fluides circulent. Cette structure poreuse est la cause de l'extrême fragilité des cheminées. Sphalérite, pyrite et chalcopyrite sont les composants principaux des cheminées dont la composition évolue en fonction des propriétés chimiques et physiques de la bouche hydrothermale.

Le lessivage de la croûte océanique

Les réservoirs magmatiques situés à l'aplomb des dorsales océaniques fournissent une grande quantité de chaleur, moteur de la circulation hydrothermale. Cette chaleur favorise aussi les échanges chimiques entre l'eau de mer et les roches nouvellement formées. L'extraction par l'eau de mer de certains composés minéraux contenus dans la croûte océanique est appelé « lessivage ». Le cycle hydrothermal peut être décomposé en quatre étapes principales détaillées ci-dessous (figures 17A et 17B) : infiltration, lessivage, mélange et précipitation des minéraux.

Pour permettre la circulation des fluides dans la croûte océanique, il est nécessaire que le milieu soit perméable. La perméabilité dépend principalement de

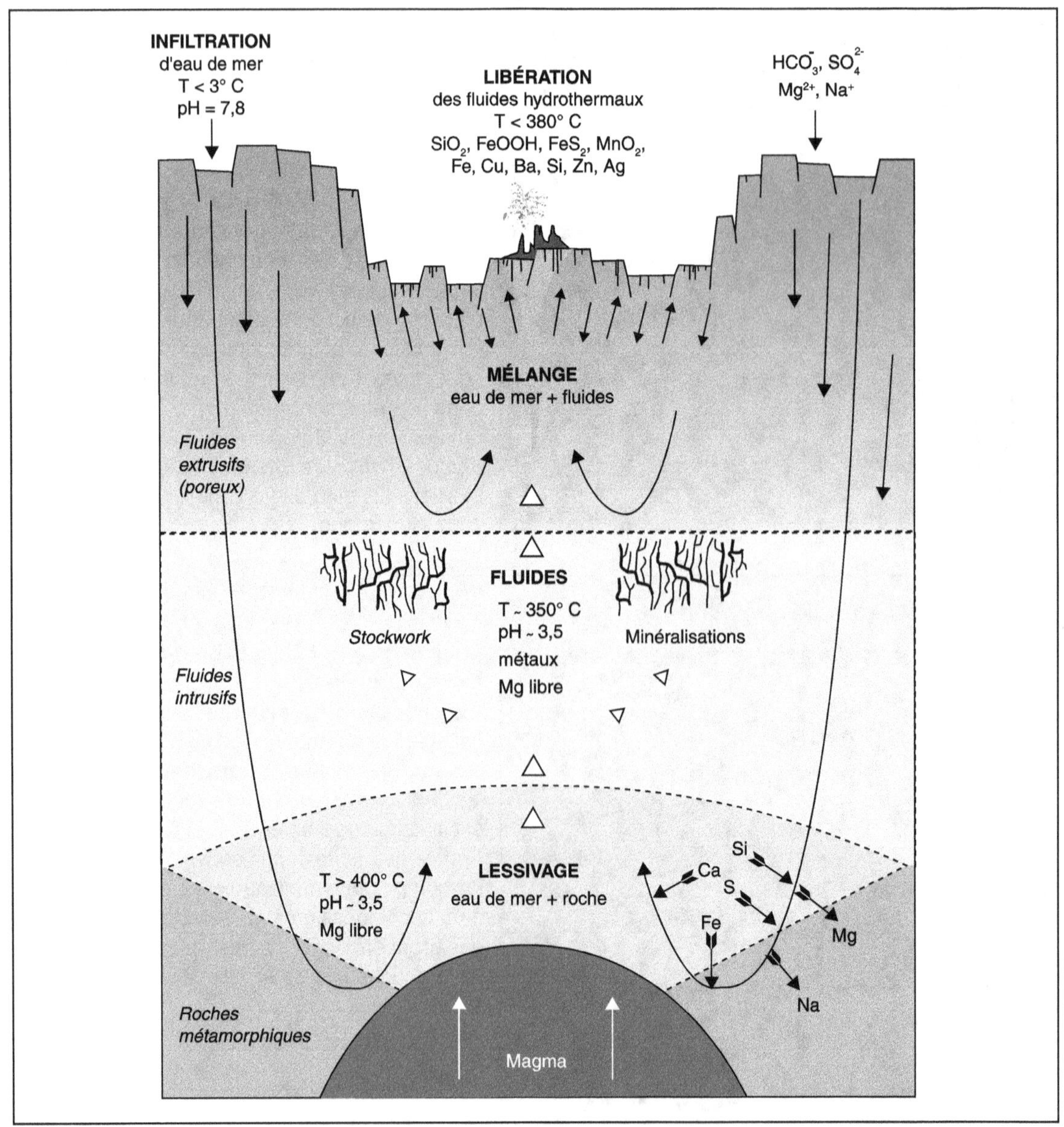

Figure 17A. Hydrothermalisme des dorsales. L'infiltration de l'eau de mer dans la lithosphère océanique, à l'axe des dorsales, s'effectue à travers une multitude de fissures et de fractures. Elle provoque la formation d'un système hydrothermal responsable d'importants échanges chimiques entre l'eau et les roches et la dissipation de l'énergie thermique fournie par le magma peu profond. Des dépôts hydrothermaux se forment à différents niveaux par précipitation des sels minéraux contenus dans les fluides ascendants.
Vue globale de l'altération de la croûte océanique sous l'axe de la dorsale.

l'importance du réseau de fractures et de fissures, créé par les contraintes mécaniques agissant sur la croûte lors de son refroidissement. La perméabilité est aussi liée à la présence d'éboulis consolidés, à la quantité de vacuoles dans les laves, aux interstices situés entre les pillow lavas et à la présence de tunnels de lave et de vides laissés par le retrait des coulées.

Les roches à travers lesquelles les fluides hydrothermaux passent sont altérées par les solutions acides. Dans la zone de lessivage, les plagioclases, les pyroxènes et les minéraux interstitiels sont transformés en épidote, chlorite et albite : ceci est le résultat d'apports en sodium, magnésium et eau, aux dépens du calcium qui, dissous par les fluides, est par contre extrait des minéraux. Dans le même temps, l'hydrogène de l'eau de mer se combine au soufre d'origine magmatique pour former une solution acide riche en hydrogène sulfuré (H_2S). Celui-ci réagit

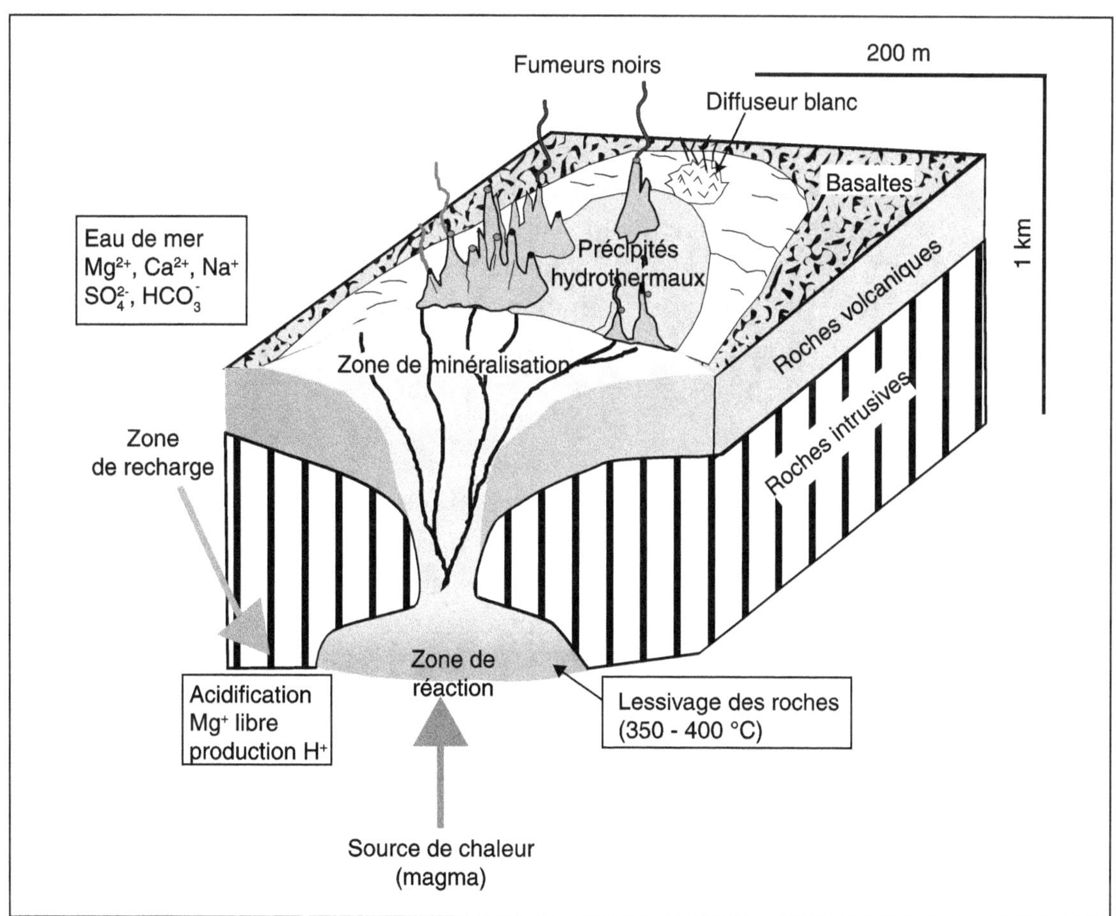

Figure 17B. Hydrothermalisme des dorsales. L'infiltration de l'eau de mer dans la lithosphère océanique, à l'axe des dorsales, s'effectue à travers une multitude de fissures et de fractures. Elle provoque la formation d'un système hydrothermal responsable d'importants échanges chimiques entre l'eau et les roches et la dissipation de l'énergie thermique fournie par le magma peu profond. Des dépôts hydrothermaux se forment à différents niveaux par précipitation des sels minéraux contenus dans les fluides ascendants. Vue détaillée de la circulation hydrothermale dans la zone d'altération et de déposition des produits hydrothermaux en surface et sous l'axe de la dorsale dans la zone de minéralisation (stockwork).

fortement avec les métaux tels que le zinc, le fer ou le cuivre qui passent en solution. Les échanges chimiques se font jusque dans le manteau supérieur où l'olivine et le pyroxène se transforment en serpentine, un minéral d'un vert vif, qui, avec les minéraux d'altération de la croûte, est à l'origine de la teinte verte des roches ophiolitiques.

Les fluides hydrothermaux ascendants se mélangent avec l'eau de mer circulant dans la partie supérieure de la croûte océanique, à l'aplomb des zones d'exhalaison. Là, se produit une oxydation des sulfures qui entraîne leur précipitation précoce, ainsi qu'une production d'hydroxydes de fer, silicium et manganèse. On appelle « stockwork » cet ensemble de minéralisations remplissant des fissures dans la roche encaissante (photos 24, 25A, 25B). Cette zone de mélange est d'autant plus importante que la perméabilité du milieu est grande et qu'elle favorise par conséquent la pénétration de l'eau de mer.

Le fluide chaud (> 250 °C) qui s'exhale hors de la croûte se refroidit au contact de l'eau de mer : des particules sombres de sulfures métalliques, à l'origine de la teinte si caractéristique des fumeurs noirs, précipitent. Une faible partie seulement de ces solides précipite aux alentours immédiats des orifices hydrothermaux (cf. photo 23). La plus grande partie (> 80 %) de ces métaux et sels métalliques est transportée sur le fond par les courants, ou bien se dissipe dans la colonne d'eau. L'observation des panaches hydrothermaux montre que certains métaux, tels que le fer ou le manganèse, sont transportés à plus d'une centaine de kilomètres du lieu de leur émission. Ceci pourrait expliquer en partie l'origine des minéraux dont les nodules polymétalliques sont formés.

Les dépôts hydrothermaux

Les plus importants sites hydrothermaux sous-marins connus à ce jour se situent dans l'océan Pacifique sur la ride Juan de Fuca, avec Escada Trough et Middle Valley (48° N), et sur la dorsale du Pacifique est, avec Southeastern Seamount à 12° 43' N et South Explorer à 13° 00' N. Les premiers, évalués à plusieurs dizaines de millions de tonnes, sont associés à une couverture sédimentaire alors

Photo 24 (© Ifremer/R. Hekinian/Campagne *Cyatherm*). **EPR à 13° N, plongée 25, prise de vue n° 9 : veines minéralisées.** Les produits hydrothermaux précipitent à l'intérieur des veines et veinules contenues dans les laves. Les surfaces sombres de la photo correspondent à la lave, vraisemblablement un pillow lava. La forme des fragments montre très bien l'expansion subie par les fractures sous l'effet du passage des fluides ainsi que le remplissage progressif de ces dernières par les précipités hydrothermaux.

Photos 25A et 25B (© Ifremer-*Cyana*/
Campagnes *Geocyarise 1 et 2* 1984).
EPR à 13° N et 18° 30' S : stockwork.
Ces dépôts colorés remplissent les fissures
et les failles qui affectent la croûte océanique
à l'intérieur du rift et servent de conduits
au transfert des fluides et des produits
hydrothermaux. Les fluides se refroidissent
dans ces conduits avant d'atteindre la surface,
libérant ainsi une partie des produits
qu'ils contenaient. Se crée alors tout un
réseau de veines minéralisées à l'intérieur
de la croûte, appelé stockwork.
A) Plongée 30 (*Geocyarise 1*) :
mur est du graben à 13° N de la dorsale
du Pacifique est, par 2 632 m.
B) Plongée 05 (*Geocyarise 3*) :
stockwork au sommet du graben
(mur ouest) de la dorsale du Pacifique
est, à 18° 30' S par 2 622 m.

que les seconds, reposant directement sur un socle basaltique, sont estimés entre 2 et 4 millions de tonnes.

Les sulfures polymétalliques et des hydroxydes de fer et silice libérés par les bouches hydrothermales précipitent immédiatement au contact d'une eau de mer à 1,8 °C (cf. photo 23). Ils édifient des cheminées verticales, cylindriques, ou très irrégulières, autour des points d'émission des fluides (cf. photos 21 et 22). Les étapes successives de la construction d'un édifice hydrothermal se font de manière intermittente et sont liées au degré de fracturation de la croûte ainsi qu'à l'épisodicité magmatique. Pendant un intervalle de calme volcanique, la circulation hydrothermale à basse température émerge à partir des fractures liées à la fissuration de coulées de lave. Lorsque l'activité hydrothermale est soutenue, des organismes vivants prolifèrent en se nourrissant des bactéries proliférant dans les fluides chauds.

Les massifs hydrothermaux

L'ensemble des dépôts hydrothermaux ainsi formés constitue parfois des massifs pouvant atteindre plusieurs centaines de mètres de diamètre pour quelques dizaines de mètres d'épaisseur.

Les plus importants massifs hydrothermaux montrent une stratigraphie souvent complexe, due aux variations de l'activité des sites (arrêts, reprises, etc.). La base est généralement constituée de débris provenant de constructions hydrothermales précédentes, surmontées d'une ou plusieurs cheminées à travers lesquelles les fluides s'exhalent. La taille des cheminées varie de quelques centimètres à moins d'une dizaine de mètres de hauteur. Plusieurs cheminées peuvent prendre place sur un même amas. La coalescence de celles-ci entraîne parfois la formation de colonnes pouvant atteindre 15 à 25 m. Les conduits à travers lesquels les fluides sortent ont un diamètre inférieur à 10 cm. L'activité d'un site n'est pas restreinte aux cheminées, mais se produit aussi dans la masse du dépôt par percolation des fluides. Les cavités et les pores existant au sein de la construction sont alors remplis par précipitation des produits hydrothermaux, ce qui consolide l'ensemble de la structure.

Dépôts hydrothermaux et histoire

Les dépôts de sulfures polymétalliques sont connus et exploités depuis la haute antiquité dans le Bassin méditerranéen. Dans des galeries souterraines de la région de Limassol, à Chypre, ont été retrouvés d'anciens instruments d'excavation attestant de l'existence d'une exploitation minière remontant à plus de 2 500 ans. Le gisement, estimé à 3 ou 4 millions de tonnes, est associé à un complexe de roches ophiolitiques (indiquant une origine sous-marine), formé suite à l'activité hydrothermale d'une dorsale océanique qui a maintenant disparu. Il a produit du cuivre, du zinc, du cobalt, du fer, ainsi que de l'or et de l'argent. Sous l'Empire romain, ces mines étaient surtout exploitées pour le cuivre, l'or et l'argent, alors que les produits ocres, qui sont le résultat de la dégradation extrême des roches, servaient de pigments pour l'ornementation des poteries. L'asbeste, provenant des péridotites serpentinisées, servait à la fabrication des chaussures, des chapeaux et des linceuls.

Il existe de par le monde des dizaines de complexes ophiolitiques semblables dont l'exploitation minière a contribué au développement social et économique des populations environnantes. Aujourd'hui encore, les fonds océaniques recèlent des trésors hydrothermaux cachés. Depuis la fièvre des nodules polymétalliques dans les années 1970, les études ont montré que l'extraction de ces richesses à partir de la surface de la mer était très coûteuse pour justifier leur exploitation actuelle. Les sites hydrothermaux actuels contiennent du zinc (5-33 %), du fer (2-30 %), de la silice (1-20 %), du cuivre (0,2-8 %), du baryum (< 10 %) et du calcium (1-11 %). Les métaux précieux tels que l'argent (40-1 160 parties par millions) et l'or (< 1-5 parties par millions) n'existent qu'en très faibles quantités.

L'âge d'un massif hydrothermal

La construction des édifices hydrothermaux s'établit de manière épisodique. La vie d'un site hydrothermal est discontinue car elle est liée, d'une part, aux épisodes volcaniques et, d'autre part, au degré de fissuration du plancher océanique. Des calculs montrent que les dépôts de la dorsale du Pacifique ont dû se former dans un intervalle de temps compris entre 100 et 1 000 ans.

Donner un âge aux dépôts hydrothermaux est possible grâce aux éléments radioactifs qu'ils contiennent. Plusieurs méthodes géochimiques ont été adoptées, telle la mesure des rapports isotopiques[1] suivants (Lalou *et al.*, 1985) : ^{230}Th/^{234}U (pour des âges compris entre 1 000 et 300 000 ans), ^{231}Pa/^{235}U (pour des âges compris entre 500 à 150 000 ans) ou encore ^{228}Th/^{228}Ra (pour des âges < 10 ans). Par exemple, des dépôts récents situés dans l'axe de la dorsale du Pacifique est à 13° N seraient âgés de moins de 150 ans. Par ailleurs, des dépôts plus volumineux situés sur un volcan proche de la dorsale (mont Southeastern, cf. figure 7) à 12° 43' N, construits sur une croûte océanique d'environ 120 000 ans, furent datés à 20 000 ans. Ces différences tiennent au fait que la dorsale du Pacifique reste très active et que les dernières coulées de lave recouvrent les sites hydrothermaux plus anciens. Par opposition, les volcans proches de la dorsale voient leur activité diminuer brutalement lorsqu'ils s'éloignent de cette dernière. La probabilité de recouvrement des anciens dépôts hydrothermaux devient alors beaucoup plus faible, d'où un âge moyen plus élevé.

Les données disponibles sur les réservoirs magmatiques des dorsales, ainsi que sur le flux de chaleur canalisé par l'hydrothermalisme, suggèrent qu'une activité hydrothermale (comme celle observée sur la dorsale du Pacifique est) peut être soutenue pendant environ 30 000 ans. Ainsi, le gisement métallifère de Chypre, estimé entre 3 et 4 millions de tonnes, se serait formé en 11 000 ans et aurait nécessité la cristallisation d'une poche magmatique de 60 km³.

Une construction à la chaîne

Il a été constaté, lors d'une expérience faite sur le terrain, que l'édification de sites hydrothermaux est rapide. Cette expérience fut conduite en 1982 sur la dorsale du Pacifique est à 12° 50' N, à bord de la soucoupe *Cyana*. Elle a été imaginée à la suite de l'observation fortuite, par 2 650 m de profondeur, d'une évolution morphologique évidente d'un site hydrothermal, visité à plusieurs jours d'intervalles. Il restait alors à quantifier le phénomène.

Une chaîne graduée tous les 20 cm, faite d'un mélange d'aluminium et d'acier, fut posée le 19 février sur le flanc d'une cheminée hydrothermale active crachant des fluides à 250 °C (photo 26). De retour sur le site le 24 février, soit cinq jours après, la cheminée de 10 cm de diamètre avait grandi de 40 cm (photo 27). Par ailleurs, l'ensemble des constructions hydrothermales adjacentes, qui s'étaient éboulées lors des manœuvres du submersible, s'étaient de nouveau reformées. Quinze jours plus tard, la chaîne avait été complètement corrodée

---

1. Abréviations des isotopes : Th : thorium ; U : uranium ; Pa : protactinium ; Ra: radium.

par les fluides acides (pH~3,5) dont la température était à présent de 340 °C. Le site avait changé d'aspect et seule la connaissance de l'endroit, après des plongées répétées, permettait de retrouver la chaîne. La preuve était faite qu'un système hydrothermal évolue très rapidement en température, en débit et peut-être même en composition. En effet, les massifs hydrothermaux composés principalement de sulfures, issus de fluides de haute température, peuvent être accompagnés de cheminées d'oxydes et d'hydroxydes (de fer et silicium), issus quant à eux de fluides de basse température.

Photo 26 (© Ifremer-*Cyana*/Campagne *Cyatherm* 1982). **EPR à 13° N, plongée 25, profondeur 2 624 m.** Le 19 février 1982, le submersible *Cyana* décapita une cheminée hydrothermale située sur l'axe de la ride du Pacifique est, afin d'en mesurer la vitesse de croissance. Une chaîne métallique graduée fut posée sur le sommet tronqué de la cheminée. Elle marquait la base de la nouvelle partie en cours de construction et permettait, par comparaison, d'estimer sa hauteur.

Photo 27 (© Ifremer-*Cyana*/Campagne *Cyatherm* 1982). **EPR à 13° N, plongée 30, profondeur 2 624 m.** Le 24 février 1982, de retour sur le site, les observateurs ont pu constater que la chaîne était à présent intégrée à la cheminée et que la partie supérieure de celle-ci avait crû de 40 cm en seulement cinq jours. La photo montre au premier plan une autre cheminée, dont la morphologie a aussi profondément changé, surmontée maintenant d'une sorte de coiffe de forme conique.

La faille transformante

La croûte océanique vue par la tranche

Les dorsales océaniques sont lacérées de profondes et étroites vallées appelées des « failles transformantes ». Longues de plusieurs centaines de kilomètres pour seulement quelques kilomètres de large, elles marquent la limite entre les segments des dorsales et soulignent la frontière entre deux plaques lithosphériques coulissant l'une contre l'autre. Creusées par les mouvements lents qui animent les plaques tectoniques, ces vallées peuvent entailler la croûte océanique sur plus de 3 000 m d'épaisseur, portant parfois à l'affleurement le Moho et le manteau.

San Andreas, la plus célèbre faille transformante

La faille de San Andreas, en Californie, est sans conteste la plus célèbre faille transformante au monde, zone de tremblements de terre répétés et destructeurs. Les bords de la faille se sont décalés d'environ 300 km au cours des derniers 10 millions d'années, soit une moyenne d'environ 3 cm par an. À titre de comparaison, cette vitesse de coulissement est cinq fois plus faible que celle de la faille transformante Garrett qui égale le taux d'accrétion de la dorsale, soit 15 cm par an. La faille de San Andreas est une frontière entre la plaque Pacifique, sur laquelle est bâtie la ville de Los Angeles, et la plaque de l'Amérique du Nord portant la ville de San Francisco. Si, dans le futur, le mouvement de la faille ne varie pas, les emplacements des deux villes seront réunis dans environ 30 millions d'années.

Une faille transformante n'est pas une structure unique, bien localisée. Elle est, en réalité, composée par un ensemble de failles et de fractures qui sillonnent en tous sens une bande étroite de terre. Les mouvements du sol dans cette zone ne sont pas continus, mais se font par à-coups lorsque les roches cassent brutalement sous l'action des forces tectoniques. La soudaineté des déplacements qui en résultent est à l'origine de tremblements de terre, comme celui de 1906 qui entraîna la destruction de la ville de San Francisco à plus de 90 %. Les déplacements ont atteint 3,2 m durant ce grand séisme. Dévastateurs dans les lieux où la population est dense, les tremblements de terre passent pratiquement inaperçus au milieu des océans.

La faille transformante Garrett

L'utilisation des satellites a permis d'établir une cartographie physique des grandes irrégularités topographiques de notre globe, en particulier celles qui modèlent le fond des océans, inaccessibles à l'observation directe. Parmi elles, les zones de fracture sont des reliefs accidentés, linéaires, hachant la croûte océanique et les dorsales, perpendiculairement à celles-ci, sur parfois plusieurs milliers de kilomètres. Une dorsale océanique n'est pas continue, mais elle est formée par la succession de segments décalés latéralement par des failles transformantes, parties actives d'une zone de fracture. Les failles transformantes sont des frontières de plaques où il n'y a ni création ni destruction de matière, mais un simple coulissement. Elles peuvent être, dans le domaine océanique, des « fenêtres ouvertes » sur le manteau terrestre. En ces lieux privilégiés de la croûte terrestre, les roches du manteau, remontées par diapirisme, ne sont pas entièrement recouvertes par les produits de leur fusion et peuvent, dans certains cas, être observées en place.

En janvier et février 1991, une mission océanographique investit, avec le submersible *Nautile* et le véhicule tracté Scampi, la faille transformante Garrett située dans l'océan Pacifique sud (figure 18). Cette faille prend place entre deux segments de la dorsale du Pacifique est, décalés par un coulissement dextre de 130 km environ. Sa particularité est d'être située dans une région où les taux d'expansion à l'axe de la dorsale sont très élevés, de l'ordre de 15 cm/an. Limitant les plaques océaniques Nazca à l'est et Pacifique à l'ouest, la faille transformante Garrett subit un des mouvements de cisaillement les plus rapides au monde, ce qui permet d'observer la croûte océanique dans toute son épaisseur, le Moho et parfois le manteau.

Par ailleurs, dans le cas de la faille transformante Garrett, un mouvement d'expansion vient se combiner au mouvement de cisaillement qui sépare les deux segments de la dorsale *(leaky transform fault)*. Ceci provoque, entre autres, l'apparition d'un volcanisme discret sur le plancher de la faille, encore appelé volcanisme intratransformant, matérialisé par trois rides transversales en échelons (Alpha, Bêta et Gamma) qui séparent quatre dépressions morphologiques, dont la plus profonde dépasse 5 000 m (figure 19). Ces quatre bassins marquent l'emplacement de la zone tectonique actuellement active (ATZ). Les mouvements de la faille ont aussi contribué à la mise en place de fragments du manteau supérieur formés de péridotites hydratées, résidus de fusion partielle, regroupés le long d'une ride médiane culminant à 3 600 m. L'ensemble de ces reliefs forme le bassin intratransformant, long de 25 km pour à peine 5 km de large.

Leaky transform fault

Les failles transformantes forment une frontière entre deux plaques tectoniques. Le mouvement relatif entre les deux plaques est généralement parallèle à la direction de l'axe de la faille. Lieux où ne se crée ni ne disparaît de matière, elles sont par conséquent peu propices au volcanisme. Cependant, chaque plaque ayant son mouvement propre, il arrive que leur déplacement relatif ne soit pas strictement parallèle à la faille : apparaît alors une composante convergente ou divergente. Une faille transformante, telle que Garrett, qui possède une composante divergente est appelée *leaky transform fault* (*to leak* en anglais signifiant fuir), par allusion aux « fuites » magmatiques. Un autre exemple de ce type de faille se situe à la limite entre les plaques Eurasie et Afrique, depuis le point triple des Açores, situé sur la dorsale médio-Atlantique, vers le détroit de Gibraltar.

La lithosphère océanique étant entaillée très profondément par la faille transformante, même une très faible quantité de magma produite dans le manteau peut entraîner l'apparition d'une activité volcanique sur le plancher de cette dernière. En effet, l'épaisseur de roche que doit traverser le magma depuis sa source pour atteindre la surface est alors exceptionnellement faible. Les fractions intrusives, telles que dykes et poches magmatiques, et extrusives, telles que coulées et monticules, ont alors des volumes très réduits. Ces manifestations d'un volcanisme que l'on peut qualifier d'opportuniste ont été observées en différents points de la faille transformante Garrett dont on peut schématiser les grands traits structuraux (figure 20).

Des parois abruptes

Le propre d'une faille transformante est de former une fracture affectant la lithosphère sur la totalité de son épaisseur. Les failles transformantes associées aux dorsales découpent une lithosphère relativement peu épaisse, créant dans la croûte océanique rigide des parois abruptes et instables, qui tendent inexorablement à s'effondrer vers le bas. Ceci a pour conséquence la formation de blocs glissant les uns sur les autres, ce qui confère aux parois une morphologie en

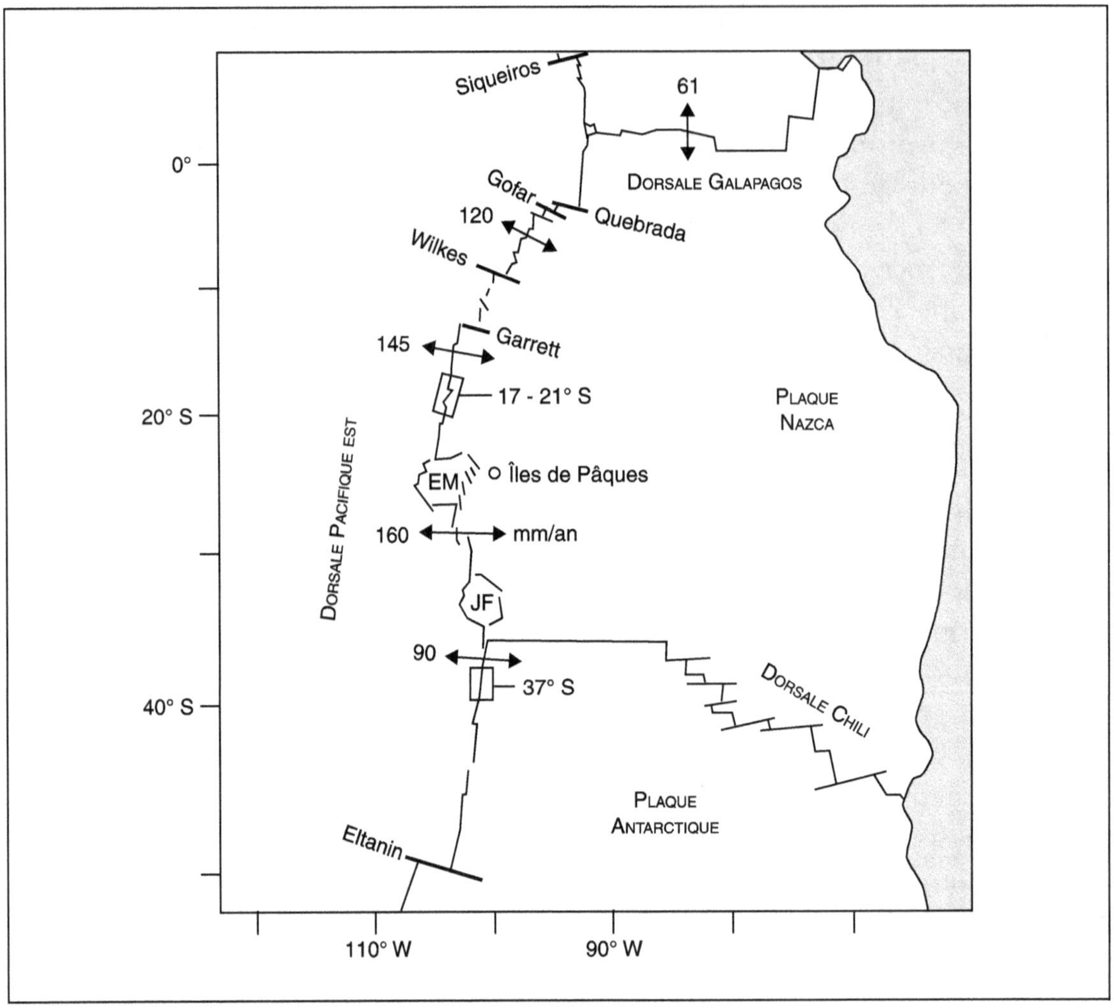

Figure 18. Localisation de la faille transformante Garrett. Située vers 13° 30' S, la faille transformante Garrett est un décrochement dextre au sein de la lithosphère océanique, qui décale horizontalement l'axe de la dorsale du Pacifique est, dans un endroit où le taux d'accrétion est l'un des plus rapides au monde (18 cm/an). Cette particularité permet à cette faille de porter à l'affleurement les parties les plus profondes de la croûte océanique, avant que les sédiments ne la rebouchent.

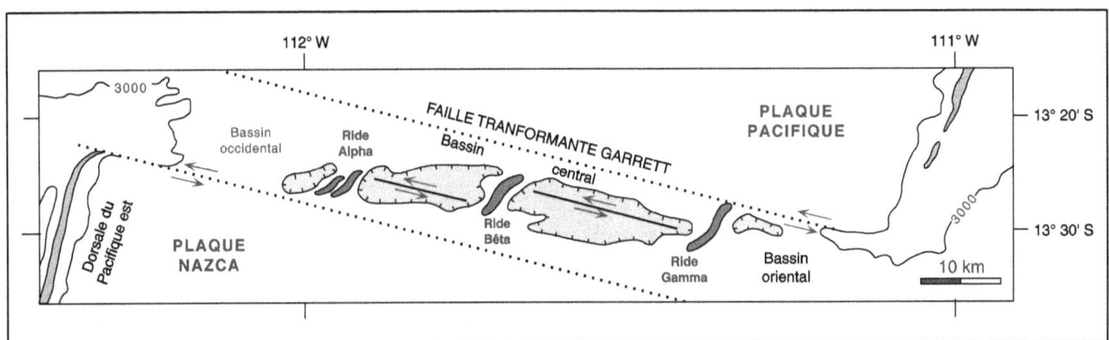

Figure 19. La faille transformante Garrett. D'une longueur totale d'environ 130 km pour 15 km de large, la faille transformante Garrett est caractérisée par trois rides volcaniques, arrangées en échelon, limitant quatre dépressions dont les deux plus importantes (formant le bassin central) portent les traces de la zone tectonique active. La profondeur maximale de la faille atteint 5 000 m, soit plus de 2 000 m sous la profondeur moyenne du plancher océanique.

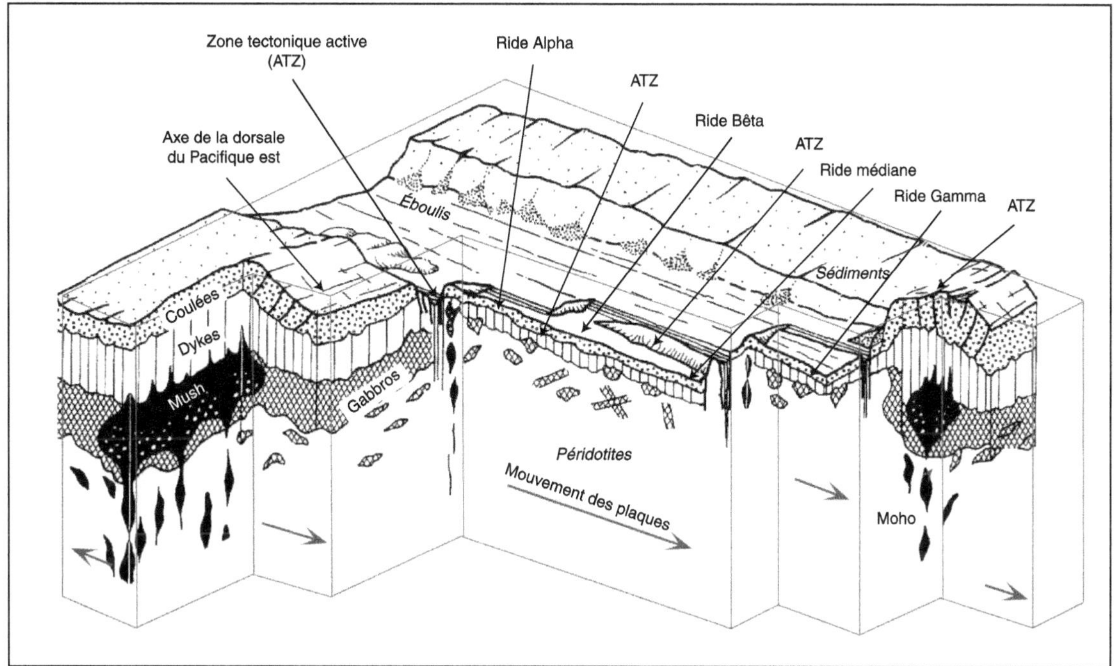

Figure 20. Coupe synthétique de la faille Garrett (d'après un dessin de Daniel Carré). Une faille transformante, correspondant à une discontinuité de premier ordre, est une région où l'activité volcanique est très faible. L'absence de réservoirs magmatiques importants permet à la base de la croûte océanique, ainsi qu'au Moho, d'affleurer dans la partie centrale de la faille, là où les mouvements de cisaillement creusent des bassins profonds de plus de 2 500 m par rapport à l'axe de la dorsale.

marches d'escalier. Les formations géologiques, comme les coulées basaltiques qui forment la partie supérieure de la croûte océanique, se retrouvent ainsi déplacées vers des profondeurs plus importantes.

Les parois de la faille transformante Garrett offrent à l'affleurement une coupe spectaculaire d'une croûte océanique âgée de moins de 1 million d'années. La dénivellation maximale est d'environ 2 000 m. Les pentes moyennes sont légèrement inférieures à 40°, valeur tout à fait exceptionnelle car très nettement supérieure à celle de tout autre relief sous-marin. Sous la couche superficielle de pillow lavas qui forme le plancher océanique, le complexe filonien laisse apparaître sa structure verticale composée d'une juxtaposition de dykes qui sont autant d'anciens conduits magmatiques ayant permis l'extrusion de la lave en surface (photos 28 et 29). Reconnaissables à leurs flancs verticaux plats et à leur forme prismatique perpendiculaire à ceux-ci, les dykes ont une épaisseur faible, dépassant rarement 50 cm.

La faille transformante voit sa profondeur diminuer rapidement à proximité de l'intersection avec les segments de dorsale. Cette zone est peuplée de très nombreuses failles courbes qui montrent la déformation plastique de la jeune lithosphère sous l'effet des forces de cisaillement. À ces endroits, l'apport de matière, que ce soit sous forme de coulées ou d'éboulis, tend à remplir la dépression morphologique. Le coulissement disparaît au-delà de l'axe de la dorsale. La faille transformante Garrett n'est alors plus qu'une zone de fracture, une cicatrice longue de plusieurs centaines de kilomètres affectant les plaques Pacifique et Nazca.

Photo 28 (© Ifremer-*Nautile*/Campagne *Garrett* 1991). **Faille Garrett, plongée 06, profondeur 4 000 m.** Les dykes représentent d'anciens conduits magmatiques dans lesquels le magma s'est figé. Ils constituent une formation massive, située sous la couverture de pillow lavas, généralement inobservable. Observés sur environ 1 000 m de dénivelés dans Garrett, il est très difficile d'en apprécier l'épaisseur exacte, même sur les parois des failles transformantes, principalement constituées par des blocs glissant vers le bas.

Photo 29 (© Ifremer-*Nautile*/Campagne *Garrett* 1991). **Faille Garrett, plongée 01, profondeur 4 633 m.** Une très grande quantité de fragments de dykes vient s'accumuler à la base des parois de la faille transformante. La plupart d'entre eux montrent des faces parfaitement planes, correspondant à la bordure du dyke, ainsi qu'une forme prismatique à section polygonale. Ces fragments éboulés seront peut-être repris plus tard dans les « mâchoires » de la zone cisaillante pour se transformer en brèches tectoniques.

Brèches tectoniques et éboulis

Ce qui caractérise la partie interne d'une faille transformante comme Garrett, c'est l'abondance de matériaux détritiques. Les forces cisaillantes, qui s'expriment sous forme d'innombrables fissures et fractures, broient les roches en fragments plus ou moins grossiers, donnant naissance à une brèche tectonique encore appelée « mylonite ».

Il existe une autre source de fragmentation, l'érosion. Celle-ci s'attaque aux parois latérales de la faille dont la pente très importante (40°) favorise l'effondrement sous l'effet de la gravité, donnant lieu à des avalanches de débris dont les traces sont visibles de toutes parts (photos 30, 31, 32 et 33). L'ensemble de ces phénomènes provoque la formation d'éboulis, présents à tous les niveaux de

Photo 30 (© Ifremer-*Nautile*/Campagne *Garrett* 1991). **Faille Garrett, plongée 08, profondeur 3 191 m.** Cette niche d'arrachement, liée à un effondrement gravitaire et située à l'intersection de la ride volcanique Bêta (cf. figure 19) et de la paroi nordde la faille transformante, montre une surface très fortement inclinée. D'autres glissements suivront, entraînant un nivellement progressif des reliefs. Le remplissage de la faille s'effectue pendant son fonctionnement, et ce d'autant plus rapidement que l'on se rapproche des extrémités des segments de la dorsale, là où existe un apport permanent de matériaux du fait de l'accrétion.

Photo 31 (© Ifremer-*Nautile*/Campagne *Garrett* 1991). **Faille Garrett, plongée 19, profondeur 2 769 m.** En raison de leur très forte déclivité et de leur surface très accidentée, les parois de la faille transformante sont soumises à une importante érosion gravitaire. Celle-ci génère une grande quantité d'éboulis, dont une part importante s'accumule dans la pente, entassée sur les marches naturelles que forment les blocs basculés et glissés. Remaniés en masse lors d'une secousse, ces éboulis pourront donner lieu à des avalanches de débris.

Photo 32 (© Ifremer-*Nautile*/Campagne *Garrett* 1991). **Faille Garrett, plongée 14, profondeur 4 923 m.** Les avalanches de débris laissent des traces très nettes de leur passage. Les écoulements sont bien délimités et empruntent généralement des couloirs morphologiques dessinés par les écoulements précédents. L'activité tectonique actuelle de la faille s'observe aussi par la fraîcheur des avalanches qui, parfaitement libres de tout sédiment, tranchent sur une pente qui en est déjà abondamment recouverte.

Photo 33 (© Ifremer-*Nautile*/Campagne *Garrett* 1991). **Faille Garrett, plongée 16, profondeur 3 802 m.** Les avalanches de débris sont issues de l'effondrement brutal d'une masse rocheuse importante. Il s'ensuit une fragmentation de la roche en particules de tailles variées. Lors de leur déplacement, ces particules tendent à se regrouper en fonction de leur dimension. C'est le phénomène de classement. Les gros blocs restent proches de la source, les particules fines en sont les plus éloignées. D'un volume moindre, ces dernières forment des chenaux de quelques décimètres de largeur.

la faille, restant parfois longtemps accumulés sur les parois ; ils seront à leur tour soumis à une érosion ultérieure et seront remaniés (photos 34 et 35). L'abondance de fragments rocheux peut constituer un obstacle majeur à l'observation et à l'échantillonnage des formations géologiques, en particulier les plus profondes telles que la base de la croûte océanique et le manteau, principaux objectifs de l'exploration par submersible. Il existe cependant un aspect positif si l'on considère que les roches prédécoupées sont facilement échantillonnées. Il serait, dans bien des cas, presque impossible au bras du submersible de les arracher d'une formation massive non-fracturée.

C'est naturellement dans les parties les plus profondes de la faille transformante Garrett, au contact de la zone tectonique active, que l'on trouve la plus importante concentration de brèches tectoniques (cf. photo 35). Celles-ci, formant la majeure partie de la ride médiane avec des roches ultramafiques et des gabbros, sont constituées de fragments de basalte et de dolérite provenant des formations plus superficielles. Ces brèches ont subi un métamorphisme à une température d'au moins 300 °C et sont cimentées par des produits secondaires tels que la chlorite, les hydroxydes de fer et les smectites, issus de l'altération d'hyaloclas-tites interstitielles. Des veines et microfissures minéralisées sont remplies de pyrite,

Photo 34 (© Ifremer-*Nautile*/Campagne *Garrett* 1991). **Faille Garrett, plongée 16, profondeur 4 891 m.** Le remaniement des éboulis de pente se traduit par la formation d'avalanches de débris. Le glissement des roches s'effectue selon une surface grossièrement hémisphérique, convexe vers le bas. Il se dégage une niche d'arrachement, sorte d'amphithéâtre semi-circulaire découpant à l'emporte-pièce les parois de la faille Garrett, en particulier les accumulations d'éboulis hautement instables.

Photo 35 (© Ifremer-*Nautile*/Campagne *Garrett* 1991). **Faille Garrett, plongée 17, profondeur 3 666 m.** Ce bloc isolé de gabbro fait partie intégrante des brèches tectoniques situées sur le flanc sud de la ride médiane. Il s'inscrit dans un ensemble fracturé et déformé par les pressions colossales de la zone de cisaillement, à l'intérieur de laquelle le mélange mécanique de roches appartenant à toutes les couches de la lithosphère ne permet pas d'établir très clairement leurs relations structurales et stratigraphiques.

de chalcopyrite et de silicates (épidote, quartz, albite), résultant de la circulation de fluides hydrothermaux. Cette circulation serait liée à la chaleur dégagée lors de la mise en place des péridotites serpentinisées. Les associations minérales permettent de déduire une température d'altération de l'ordre de 200 °C à 300 °C. De nombreuses surfaces faillées, montrant le déplacement horizontal des blocs, hachent les brèches tectoniques. Ces dernières sont interprétées comme étant la trace d'une zone tectonique aujourd'hui surélevée et inactive.

L'empreinte de la tectonique

L'empreinte de la tectonique de cisaillement qui façonne la faille transformante Garrett est en fait multiple. Que ce soient les parois latérales exceptionnellement inclinées ou les brèches tectoniques qui, broyées à l'extrême, remplissent le fond de la faille, tout en ce lieu laisse transparaître les forces mécaniques colossales qui s'y manifestent. Ces indices ne seraient cependant que suggestifs si les affleurements rocheux ne laissaient découvrir d'extraordinaires surfaces de frottement, encore appelées des « miroirs de faille », où la friction des blocs les uns contre les autres imprime de profondes marques, témoins incontestables du mouvement de coulissement horizontal des deux bords de la faille transformante (photos 36 et 37). Cependant, des réajustements à l'intérieur de la zone transformante produisent, dans certains cas, des stries verticales qui trahissent la composante tectonique divergente de la faille Garrett.

Toutes les formations géologiques, quelles qu'elles soient, sont affectées par ces failles dont les orientations sont très diverses, loin d'être parallèles à l'axe principal de la zone transformante. Une mesure systématique des orientations des failles et fissures contenues à l'intérieur d'un domaine transformant permet de reconstituer le champ des contraintes mécaniques qui s'y exercent. La faible surface d'observation couverte lors d'une plongée en submersible ne permet pas de réaliser ce genre d'analyse. L'observation permet cependant, même par le hublot, de déterminer le sens du déplacement relatif des deux bords de la faille. Sur les plans de glissement s'impriment des marques diverses, appelées tectoglyphes, telles qu'arrachements, écailles, cristallisations, figures de dissolution, stries, qui permettent de préciser le sens du rejet de la faille. Les plus beaux miroirs de faille furent observés à proximité de la zone tectonique active de Garrett, principalement sur le flanc nord de la ride médiane, que ce soit dans les brèches tectoniques à épidote ou bien encore dans les roches ultramafiques (péridotites).

Un volcanisme discret

Les zones les plus profondes de la faille transformante sont naturellement occupées par une importante quantité d'éboulis provenant des parois supérieures

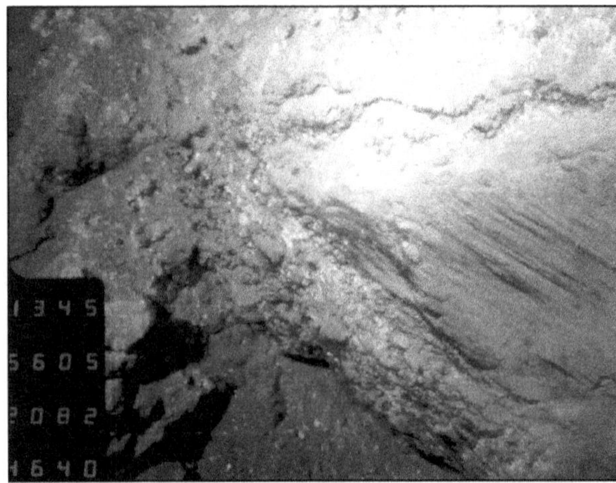

Photo 36 (© Ifremer-*Nautile*/Campagne *Garrett* 1991). **Faille Garrett, plongée 14, profondeur 4 640 m.** Les péridotites serpentinisées de la ride médiane sont affectées par de très nombreuses failles que les démantèlements et les glissements de terrain permettent de découvrir. Les surfaces planes de frottement sont couvertes de tectoglyphes, stries laissées lors du coulissement horizontal des deux blocs. Ces traces de l'activité tectonique de la faille transformante sont principalement concentrées dans la région axiale et permettent, avec d'autres critères, de déterminer la position de la zone tectonique active (ATZ).

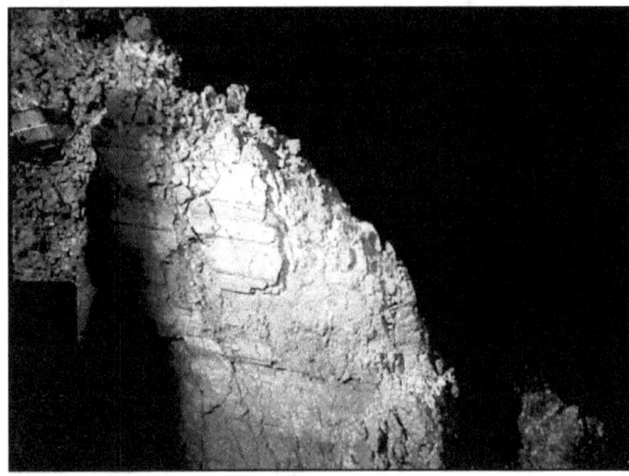

Photo 37 (© Ifremer-*Nautile*/Campagne *Garrett* 1991). **Faille Garrett, plongée 17, profondeur 3 544 m.** Au cœur de la zone de frottement, les brèches tectoniques sont constituées principalement de fragments de dolérite (dykes) et de basalte (pillow lavas). Broyées dans l'étau de la faille, les roches subissent un métamorphisme, entraînant la formation de minéraux tels que chlorite et épidote qui confèrent à la formation sa couleur verte. De nombreuses surfaces de frottement apparaissent sous forme de surfaces striées, témoins du coulissement horizontal caractéristique de la faille transformante.

ainsi que par des sédiments qui se trouvent piégés et qui s'accumulent préférentiellement dans les parties basses. Il est donc assez difficile d'observer les structures et les formations géologiques situées au pied de la faille du fait d'un recouvrement permanent par les matériaux éboulés.

Cependant, il existe sur le plancher de la faille Garrett une activité volcanique discrète qui, avec les rides en échelons, témoigne de fuites magmatiques dans la zone transformante. Les observations par submersible ont montré l'existence de petits monticules, hauts de 5 à 10 m, constitués par l'empilement de pillow lavas de composition basaltique, et prenant place sur la couverture sédimentaire de la dépression centrale, à une profondeur d'environ 4 600-5 000 m. Ces monticules sont accompagnés par des coulées plus étendues, plates et bombées, caractérisant la mise en place rapide d'un magma fluide (photo 38). La faible épaisseur des sédiments qui les recouvrent suggère qu'elles sont plus récentes que celles associées aux parois adjacentes. Malgré cela, ces coulées sont déjà fracturées par les mouvements de la faille (photo 39).

La composition chimique de ces laves montre de grandes variations, particulièrement dans les rapports de concentrations de certains éléments, en particulier le potassium et le titane. De telles variations suggèrent que les processus magmatiques,

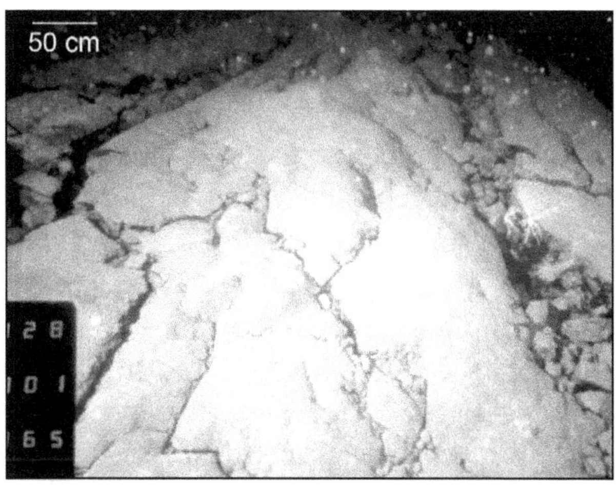

Photo 38 (© Ifremer-*Nautile*/Campagne *Garrett* 1991). **Faille Garrett, plongée 13, profondeur 4 536 m.** Des coulées plates recouvrent, en même temps que les cônes volcaniques, le plancher du bassin central de la faille transformante. Elles montrent des figures d'écoulement qui sont bombées et affectées par un réseau de fissures. Mises en place sur des surfaces planes à l'intérieur de la zone tectonique active, ces coulées seront très rapidement fracturées par les mouvements de la faille transformante.

Photo 39 (© Ifremer-*Nautile*/Campagne *Garrett* 1991). **Faille Garrett, plongée 14, profondeur 4 824 m.** Reprises par l'activité tectonique qui leur a permis d'atteindre la surface, les coulées basaltiques du bassin central sont d'abord fracturées sous forme de blocs, avant de subir plus tard un broyage conduisant à la formation des brèches tectoniques métamorphosées.

liés à la faille transformante, sont quelque peu différents de ceux agissant au niveau de la dorsale adjacente. Une faille transformante est une zone où l'activité magmatique est considérablement réduite, voire inexistante. On peut ainsi deviner que les quantités de liquide produites lors de la fusion partielle du manteau sont moindres, entraînant une réduction du volume ainsi que du temps de fonctionnement des réservoirs magmatiques.

Des rides volcaniques en échelons

La présence de rides volcaniques en échelons, ainsi que de failles normales et de fissures obliques à l'axe de la faille transformante, suggère l'existence, dans certaines zones bien localisées, de forces d'extension agissant sur la lithosphère. Les rides volcaniques sont des constructions récentes, constituées de cônes et de monticules ne dépassant jamais quelques dizaines de mètres de hauteur, l'ensemble étant orienté à 45° de la direction est-ouest de la faille transformante. Elles représentent vraisemblablement la trace superficielle de zones de faiblesse dans la lithosphère, au travers desquelles le magma migre préférentiellement vers la surface. L'origine de ces zones faibles est à rechercher dans les réajustements mécaniques qui interviennent entre les plaques Pacifique et Nazca et qui entraînent l'apparition d'une forme d'accrétion sur le plancher de la transformante. Les rides volcaniques s'édifient à l'aplomb de zones de relais, situées entre deux segments de la faille transformante, à l'instar de ce qui se passe (à plus grande échelle) le long d'une dorsale océanique où les segments d'accrétion sont décalés horizontalement par les failles transformantes.

De petites dimensions, les volcans de la faille Garrett ont des parois relativement abruptes, voire subverticales, formées par l'empilement de pillow lavas ronds et tubulaires, souvent tronqués (photos 40 et 41). Le sommet des rides, montrant des pillow lavas aplatis (photo 42), est parfois occupé par des coulées à surfaces cordées, drapées et fragmentées, rappelant les slab lavas présentes à l'axe de la dorsale (photo 43). L'absence de sédiments sur ces structures montre qu'elles sont très récentes et donc que leur formation est intimement liée aux mouvements de la faille transformante. La qualité des laves émises par ces rides volcaniques, en l'occurrence des basaltes porphyriques, riches en cristaux de plagioclase et d'olivine, suggère que le temps entre la formation des magmas et leur épanchement est très court, et donc que les réservoirs magmatiques sont très peu volumineux, voire inexistants.

Photo 40 (© Ifremer-*Nautile*/Campagne *Garrett* 1991). **Faille Garrett, plongée 01, profondeur 4 444 m.** De nombreux cônes volcaniques, de quelques dizaines de mètres de hauteur, occupent les dépressions les plus profondes du bassin central de la zone transformante. Comme à l'accoutumée, leurs parois verticales sont des fronts de coulées principalement formés de pillow lavas striés, inférieurs à 50 cm de diamètre, sur lesquels s'observent des figures de refroidissement diverses telles que les *trapdoors*. Un poulpe blanc à oreille est attiré par l'éclairage des projecteurs ; certains spécimens atteignent un mètre cinquante de longueur.

Photo 41 (© Ifremer-*Nautile*/Campagne *Garrett* 1991). **Faille Garrett, plongée 12, profondeur 3 471 m.** Les rides volcaniques en échelon sont formées par l'empilement de coulées basaltiques dont le sommet est chapeauté par des cônes de quelques dizaines de mètres de hauteur et dont les parois sont verticales. Ces formations volcaniques représentent la trace de zones de faiblesse au sein de la lithosphère, au travers desquelles de faibles quantités de magma s'infiltrent préférentiellement et migrent vers la surface.

Photo 42 (© Ifremer-*Nautile*/Campagne *Garrett* 1991). **Faille Garrett, plongée 02, profondeur 3 222 m.** Le sommet de la ride volcanique Gamma (cf. figure 19) est recouvert de pillow lavas allongés et aplatis, dont la forme rappelle par endroit celle des laves lobées de l'axe du rift. Ces formes caractérisent la mise en place de laves fluides sur une surface plane. Les multiples digitations du tube de lave permettent d'imaginer la progression inexorable de la coulée à la surface de la ride.

Photo 43 (© Ifremer-*Nautile*/Campagne *Garrett* 1991). **Faille Garrett, plongée 02, profondeur 3 193 m.** Les surfaces fragmentées de certaines coulées situées au sommet de la ride volcanique Gamma ne sont pas sans rappeler les formes observées à l'axe du rift de la dorsale à 13° N. Elles caractérisent un volcanisme effusif dont le flot important et rapide permet à la surface de la coulée de se déformer avant d'être figée par refroidissement.

Le manteau à l'affleurement

Dès 1980, des roches provenant du manteau (harzburgite, dunite, troctolite) ainsi que des gabbros ont été échantillonnés par dragage dans le fond de la faille transformante Garrett. La présence de ces roches, associées à des basaltes et à des brèches métamorphiques, posait immédiatement le problème de leur mise en place. De spectaculaires affleurements de ces roches ultramafiques furent découverts lors de plusieurs plongées, à la fois dans les bassins profonds et sur le flanc nord de la ride médiane (photos 44, 45A, 45B et 46). Visibles sur une surface allongée de 10 km de long pour environ 2,5 km de large, les affleurements sont limités au nord par la zone tectonique active et au sud par un contact faillé avec les brèches tectoniques métamorphiques.

La faille transformante Garrett est un des rares endroits de notre planète où des roches du manteau peuvent être observées en place, et non sous forme de fragments arrachés lors de mouvements orogéniques, comme c'est le cas des ophiolites. Cependant, l'extrême fracturation du plancher de la faille ainsi que la complexité des contacts avec les formations géologiques environnantes ne permettent pas d'affirmer que ces roches n'ont pas été soumises à quelques déplacements par rapport au manteau sous-jacent. Aucune séquence stratigraphique n'a été mise en évidence entre les gabbros et les roches ultramafiques. Ces dernières renferment par contre de nombreuses poches contenant de petits dykes et des veines de gabbros et de basaltes. La complexité de cette formation suggère que les affleurements représentent, plutôt que le manteau, une zone de transition entre manteau et base de la croûte océanique (cf. photos 45A, 45B et 46).

Photo 44 (© Ifremer-*Nautile*/Campagne *Garrett* 1991). **Faille Garrett, plongée 14, profondeur 4 895 m.** Les roches ultramafiques sont abondamment traversées par des filons et des poches de gabbro et de basalte, produits plus ou moins finement cristallisés, issus de la fusion partielle des sources mantelliques sous-jacentes. Ils forment, au sein des péridotites résiduelles, un réseau relativement dense de marbrures blanchâtres. À ceux-ci viennent s'ajouter d'autres produits tels que prehnite, épidote, quartz et sulfures, résultant d'un métamorphisme de basse et moyenne température (~ 300 °C).

Photos 45A (© Ifremer-*Nautile*/Campagne *Garrett* 1991) **et 45B** (© Ifremer/R. Hekinian). **Faille Garrett, plongée 01, profondeur 4 880 m.**

A) La circulation de fluides hydrothermaux au sein de la lithosphère océanique provoque une altération de celle-ci par l'hydratation des minéraux qu'elle contient. Ce phénomène conduit à transformer l'olivine et certains pyroxènes des roches ultramafiques en serpentine, un minéral conférant aux péridotites une teinte verte dominante. Une altération plus poussée des olivines peut entraîner la formation de talc et d'hydroxyde de fer.

B) Cette altération (échantillon GN01-09), accompagnée par des mouvements tectoniques, provoque la transformation des minéraux qui sont recristallisés et orientés dans une direction préférentielle. L'alternance de bandes sombres à olivine-pyroxène et de bandes claire à serpentine-talc est le témoin de mouvements tectoniques importants pendant la mise en place des péridotites.

Photo 46 (© Ifremer-*Nautile*/Campagne *Garrett* 1991). **Faille Garrett, plongée 03, profondeur 3 984 m.** Au cœur même de la partie active de la faille transformante, les péridotites subissent une mylonitisation extrême, les rendant parfois réduites à l'état de poudre. Leur mise à l'affleurement dépend étroitement des mouvements tectoniques qui découpent, glissent et basculent des fragments de lithosphère, perturbant ainsi les relations structurales et stratigraphiques entre les blocs.

Là encore, comme pour le volcanisme discret et les rides en échelons, la composante divergente du mouvement de la faille (*leaky transform fault*) est invoquée pour expliquer la mise à l'affleurement du manteau. Le mouvement relatif des plaques Nazca et Pacifique serait à l'origine d'une ouverture d'environ 1,5 à 2 cm par an de la faille transformante. Dans ce contexte, la distension aurait tendance à faire glisser la lithosphère sur le manteau, le mettant ainsi à nu.

Imprégnation magmatique

Les indices de l'imprégnation des roches lithosphériques par les magmas sont représentés par des gouttelettes et des filets de liquide basaltique, dispersés à l'intérieur des péridotites et des cumulats gabbroïques qui forment la base de la croûte océanique ainsi que la partie supérieure du manteau terrestre (photos 47A et B, 48A et B). Ces liquides, dits liquides d'imprégnation, sont issus de la fusion partielle du manteau, entre 15 et 45 km de profondeur, lors de la remontée de l'asthénosphère vers la surface. Leur composition chimique est différente de celle des basaltes arrivant à la surface. Cependant, elle ne reflète pas nécessairement celle d'un magma primitif, comme on pourrait s'y attendre, étant donné la proximité de la source (cf. figure 48B). Des réactions chimiques, des contaminations avec les roches encaissantes ainsi qu'une cristallisation fractionnée *in situ* sont à l'origine de cette disparité avec le liquide initial.

Lorsque les volumes sont suffisants, les liquides d'imprégnation cristallisent sous forme de gabbros, roches riches en plagioclases blancs et pyroxènes dont les proportions varient d'un point à un autre. Selon le degré de fusion partielle du manteau et le taux d'extrusion à la surface, les zones d'imprégnation sont plus ou moins étendues, formant alors des plages dispersées ou bien un réseau de filons étroitement connectés. À un stade plus avancé, lorsque le volume de liquide basaltique devient trop important, les plages éparses et les filons se fondent en un réservoir magmatique où apparaissent des processus de ségrégation, différenciation, accumulation et mélange de magmas de différentes générations. Ce stade représente l'étape intermédiaire entre l'extraction des liquides à partir des roches parentales et l'extrusion de la lave en surface.

Si la température de ces zones de ségrégation est maintenue au niveau du *liquidus*, il est probable qu'elles alimentent des poches magmatiques plus superficielles. Pour que le liquide circule vers la surface, il faut que la roche se fracture et que les fissures restent ouvertes. En profondeur, les caractéristiques mécaniques du manteau permettent sa déformation plastique à l'échelle des temps géologiques. En surface, la croûte rigide est fracturée par les forces divergentes ainsi que par la pression hydrostatique exercée par les liquides migrant vers la surface.

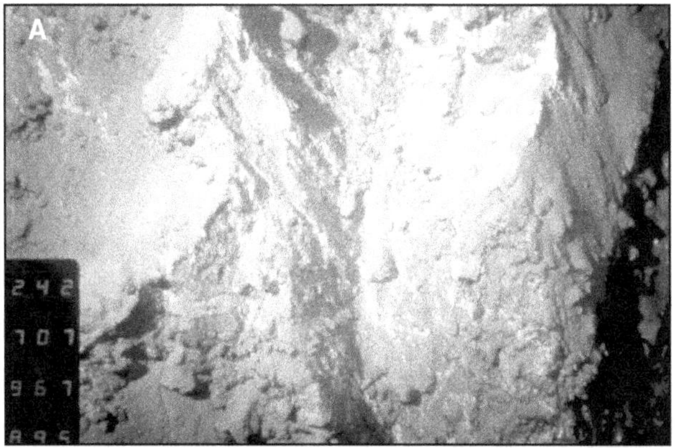

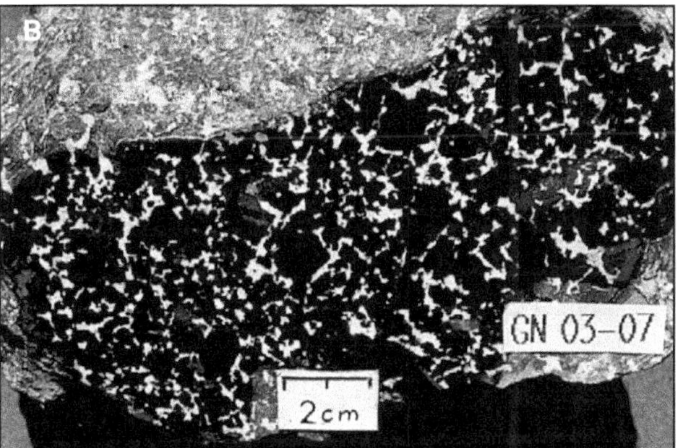

Photos 47A (© Ifremer-*Nautile*/Campagne *Garrett* 1991) **et 47B** (© Ifremer/R. Hekinian). **Faille Garrett, plongée 14, profondeur 4 835 m.** Les affleurements de péridotite constituent sans nul doute la principale caractéristique de la faille transformante Garrett.

A) Situées dans les parties profondes de la faille, les péridotites sont souvent recouvertes par des éboulis et sont donc difficiles à observer et à échantillonner. Dans la faille Garrett, elles constituent, avec les brèches tectoniques métamorphiques, une ride dont elles occupent le flanc nord, sur une longueur de plus de 10 km. **B)** Échantillon (GN03-07) d'une péridotite imprégnée. Des liquides d'imprégnation cristallisent en traversant la péridotite pour former des veines et des poches de gabbros et/ou de diabase qui sont des roches riches en plagioclase et pyroxène (veines blanchâtres).

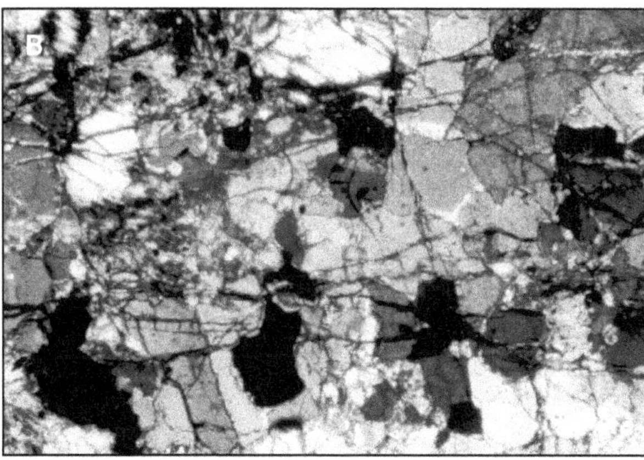

Photos 48A et 48B (© Ifremer/R. Hekinian). **Échantillon de péridotites, campagne *Garrett* 1991.** Vus sous la lumière polarisée d'un microscope, les minéraux constituant la péridotite s'identifient par leurs couleurs chatoyantes.

A) Péridotite à amphibole (échantillon GN15-09), profondeur 4 217 m. La forme allongée et parfois courbe de certains cristaux témoigne de l'intense déformation subie par la roche entre les mâchoires de la faille transformante. Sous l'effet de la pression et de la température, les minéraux originels se sont transformés (métamorphisme) et de nouveaux sont apparus comme l'amphibole située au centre de la photo. **B)** Péridotite du manteau (échantillon GN14-05), profondeur 4 908 m Les minéraux d'olivine (rouge et vert), de clinopyroxene (clair), de spinel (noir) et d'orthopyroxène (jaune) constituent le matériel essentiel du manteau terrestre lors de sa fusion partielle formant le magma.

Les volcans hors-axe

Naissance d'un mont sous-marin

Une véritable constellation de volcans tapisse le fond des océans. Les données bathymétriques et satellitaires ont révélé la présence plus de 300 000 édifices d'au moins 500 m de hauteur, dispersés à la surface de la plaque Pacifique. La très grande majorité de ces volcans est issue du volcanisme hors-axe, localisé sur les flancs de la dorsale océanique. Là, les édifices croissent et se développent avant qu'ils ne s'éteignent, suite à l'éloignement de la dorsale par l'imperturbable mouvement de la plaque.

Les volcans hors-axe à 11° 30' N et 13° N

Les campagnes *Cyatherm* (1982) et *Geocyarise* (1984), dédiées à l'étude de deux segments de la dorsale du Pacifique est (11° 30' N et 13° N), ont permis aussi de visiter cinq volcans appelés monts sous-marins ou encore *seamounts*, issus du volcanisme hors-axe.

S'échelonnant entre 1 et 18 km de l'axe de la dorsale, ces cinq monts sous-marins illustrent différents stades de croissance d'un volcan hors-axe, au fur et à mesure de son éloignement de la ride (figures 21 et 22).

Limb volcano est situé à environ 1 km de l'axe de la dorsale. Il s'est élevé au sommet du mur tectonique qui forme la bordure ouest du rift axial. Cet édifice de très petite dimension est de forme conique et son sommet est occupé par un cratère de 200 m de diamètre. Constitué par l'empilement de pillow lavas, vraisemblablement issus d'une éruption unique, il ne dépasse pas 100 m de hauteur et n'est pas encore affecté par la fracturation tectonique.

Le mont Semicircular est une structure qui s'étend depuis le sommet de la ride jusqu'à 3 km vers l'est, dominant de 300 m le plancher océanique environnant. Sa surface est formée par de grandes coulées plates et drapées, similaires à celle

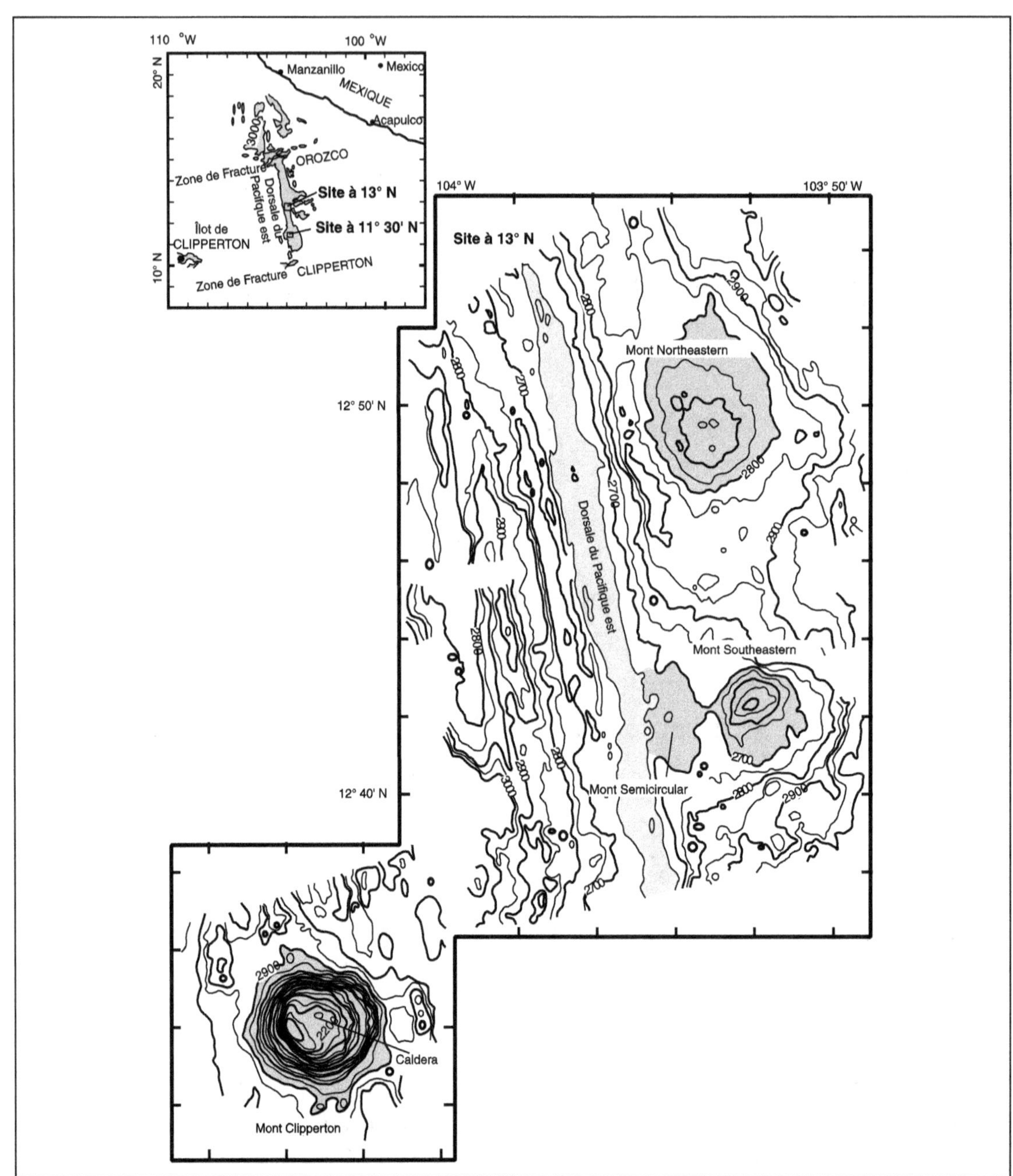

Figure 21. Monts sous-marins hors-axe vers 13° N. Cette carte bathymétrique du secteur 13° N de la dorsale du Pacifique est montre quatre volcans principaux, échelonnés à des distances inférieures à 18 km de l'axe de la ride. Ces volcans hors-axe sont à des stades différents de croissance et montrent la variété morphologique des structures volcaniques pouvant prendre naissance à proximité de la dorsale.

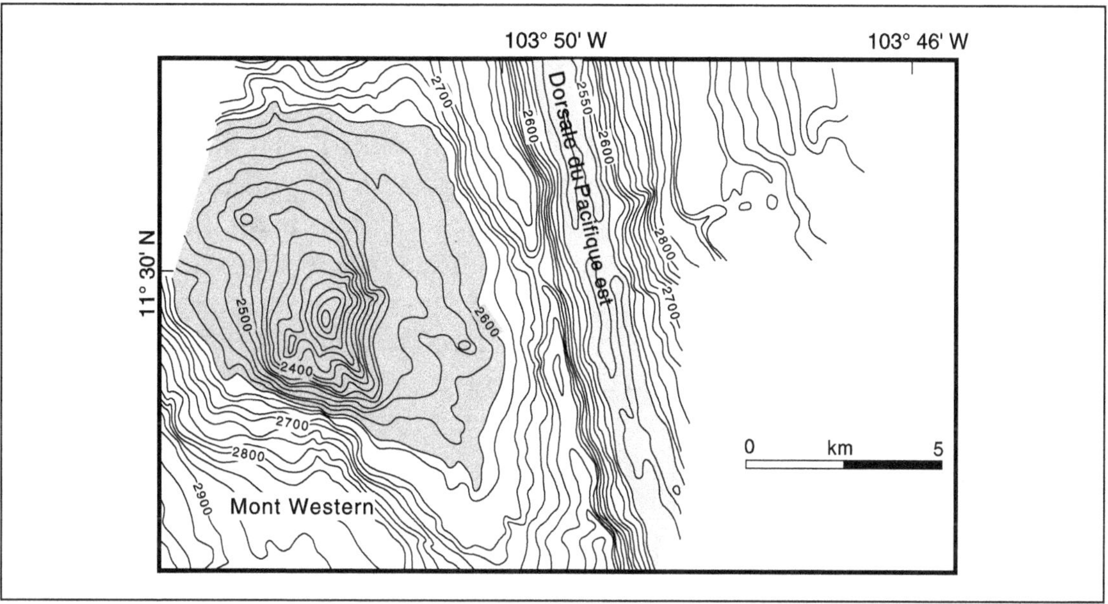

Figure 22. Carte bathymétrique du mont Western. Le mont Western est un volcan situé à 7 km de la dorsale du Pacifique est, vers 11° 30' N. Haut de 600 m pour un volume de 50 km³, cet édifice repose sur une lithosphère âgée d'environ 110 000 ans. Sa forme irrégulière, allongée principalement dans l'axe nord-sud, est en grande partie due à une abondante fracturation tectonique engendrée par l'activité de la dorsale toute proche. Ce volcan est un exemple d'activité magmatique liée à la dorsale.

du graben axial de la dorsale. Une activité hydrothermale de haute température y fut détectée, crachant des fluides à 320 °C.

Le mont Southeastern atteint 500 m de hauteur. Il se trouve à 6 km de la dorsale, dans le prolongement du mont Semicircular. Ici, l'accumulation de cônes volcaniques marque un changement profond dans le style d'activité plus centrée autour d'un axe éruptif principal. Les champs de laves plates existent encore, mais sont visibles uniquement à la base de l'édifice, recouverte par les pillow lavas.

Le mont Western, situé plus au sud vers 11° 30' N, est un volcan allongé parallèlement à la dorsale et découpé par un important réseau de fractures tectoniques (cf. figure 22). Haut de 670 m, il est essentiellement constitué par l'empilement de pillow lavas. Il montre aussi bon nombre de coulées à surface fragmentée, rarement observées dans le domaine sous-marin, tout à fait comparables aux coulées aériennes de type *aa*. Les traces d'un ancien lac de lave, aujourd'hui recouvertes par des coulées plus récentes de pillow lavas, ont été observées sur le flanc est, à proximité du sommet.

Le mont Clipperton illustre le stade le plus évolué du groupe. Haut de 950 m, il se caractérise par une forme circulaire et un sommet plat, tronqué (cf. figures 7 et 21). Les fortes pentes latérales recouvertes d'éboulis bordent un plateau sommital de 3 km de diamètre couvert de laves plates qui sont dominées par cinq monticules dont les hauteurs sont comprises entre 40 et 120 m.

L'origine des volcans hors-axe

Prenant naissance sur les flancs les plus proches de l'axe des dorsales, formant même parfois une continuité topographique avec la ride d'accrétion (mont Semicircular), les volcans hors-axe sont attribués à des excès de production magmatique d'une dorsale. La fusion partielle du manteau sous la ride est la source principale de magma pour ces édifices qui ne représentent, d'après les estimations, que 0,4 % du volume total de la croûte océanique. Par contre, l'hétérogénéité pétrologique des laves de ces volcans montre que l'alimentation ne se fait pas au niveau des réservoirs situés à l'aplomb de la dorsale, où les magmas sont brassés et mélangés, mais plus profondément, là où les mélanges sont moins bien « réalisés ».

Lorsque s'effectue la remontée des corps magmatiques dans les zones de divergence des plaques, de petites quantités de magmas peuvent rester piégées sous la lithosphère et ainsi ne pas atteindre la dorsale. Sous l'effet de la pression hydrostatique, les liquides magmatiques vont avoir tendance à s'échapper au travers de la lithosphère et ainsi produire un volcanisme en surface. Ces infiltrations se réalisent à proximité de la dorsale, là où la lithosphère océanique jeune est peu épaisse et abondamment fracturée. Le phénomène s'arrête progressivement, au bout de quelques millions d'années, du fait de l'épaississement de la lithosphère et de la diminution du volume de magma disponible. C'est vraisemblablement pourquoi les volcans hors-axe ne sont jamais très volumineux et ne croissent que dans une bande très étroite, de part et d'autre de l'axe d'une dorsale.

Une croissance par étapes

L'ensemble des observations faites sur les volcans hors-axe, le long de la dorsale du Pacifique est, permet de retracer les grandes étapes de la croissance de ces édifices volcaniques. Les premières phases de l'activité volcanique proche de l'axe de la dorsale sont faites de grands épanchements de lave fluide à surface plate et drapée, tel que sur le mont Semicircular (photos 49 et 50). Cette activité peut être comparée, à juste titre, au volcanisme de l'axe de la dorsale. Les réservoirs magmatiques situés sous la lithosphère sont jeunes, donc chauds, et la distance à parcourir par le magma pour atteindre la surface est faible. Les épanchements de basaltes fluides dans le domaine hors-axe sont parfois volumineux et recouvrent des surfaces importantes. Certains champs de lave de ce type peuvent couvrir plus de 200 km², soit environ deux fois la surface de la ville de Paris.

Progressivement, des cônes volcaniques vont se surimposer aux champs de lave, comme le montrent les morphologies des monts Southeastern et Western. La hauteur de l'édifice croît alors rapidement. Il est vraisemblable que cette évolution morphologique traduise un changement de régime dans le fonctionnement de l'appareil volcanique où les éruptions fissurales, du type de celles des dorsales, font place à une activité centrée autour d'un axe principal situé à l'aplomb du sommet.

Photo 49 (© Ifremer-*Cyana*/Campagne *Geocyarise 3* 1984). **Mont Semicircular, plongée 24, prise de vue n° 047, profondeur 2 555 m.**
Des champs étendus de laves plates constituent la majeure partie du mont Semicircular. La fracturation superficielle de ces surfaces permet parfois d'apercevoir une pseudo-stratification interne, sorte d'étagères parallèles et horizontales ornant le chenal d'une coulée. Issues du refroidissement progressif d'une coulée à fort débit, ces figures rappellent l'empilement de feuilles ou de plaques, d'où le nom *sheet flow*.

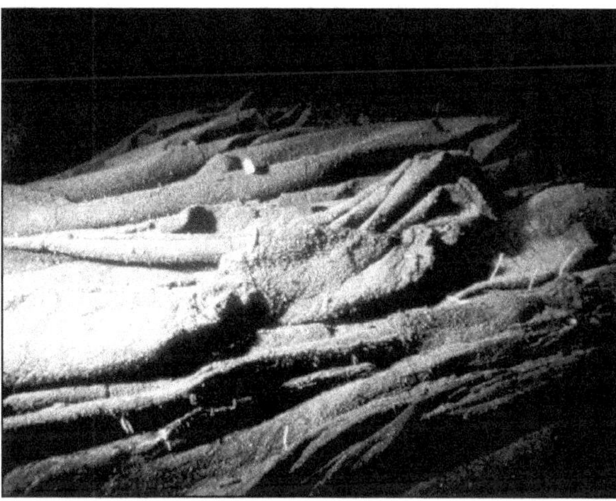

Photo 50 (© Ifremer-*Cyana*/Campagne *Geocyarise 3* 1984). **Mont Semicircular, plongée 24, prise de vue n° 236, profondeur 2 627 m.**
Les surfaces cordées et drapées sont omniprésentes sur le volcan hors-axe le plus proche de la dorsale. Des éruptions fissurales, libérant d'importants volumes de lave, sont vraisemblablement à l'origine de ces surfaces planes. Ce type d'activité volcanique, en tout point comparable à celui de l'axe de la dorsale, est responsable de la morphologie surbaissée du mont Semicircular.

L'étape suivante de croissance des volcans hors-axe est illustrée ici par le mont Clipperton et son sommet tronqué. Cette forme est particulièrement bien représentée au sein de la population des monts sous-marins qui jonchent les fonds océaniques. Il est même exceptionnel de trouver un volcan conique de plusieurs centaines de mètres de hauteur qui ne provienne pas de l'activité d'un point chaud (cf. page 106). La forme tronconique des volcans hors-axe est due à un phénomène séquentiel d'effondrement du sommet (caldera) et de remplissage du vide créé par des coulées plus récentes. Elle peut aussi résulter d'un épanchement cyclique de lave le long de plusieurs fissures du plancher océanique, concentrées à l'intérieure d'un périmètre bien défini. La croissance de l'édifice s'apparente alors à celle d'une plate-forme de lave qui croît verticalement.

Du pahoehoe au « *aa* »

La plupart des volcans hors-axe visités durant les campagnes océanographiques ont montré des surfaces de coulées tourmentées, irrégulières, couvertes de fragments scoriacés de basalte qui forment une succession de bosses et de creux, tous orientés parallèlement à la plus grande pente. À titre d'exemple, la surface observée au cours d'une plongée sur le flanc sud du mont Western montre la présence de plus de 10 % de fragments scoriacés, 50 % de coulées plates, 30 % de pillow lavas, le reste étant formé de sédiments et de produits hydrothermaux. Ce qui s'observe en milieu sous-marin est ici en tout point comparable à la transformation des coulées pahoehoe en coulées *aa* du domaine aérien.

Le pahoehoe est une surface lisse, très peu ridée, montrant des allures variées dont la plus connue est la surface cordée (cf. photo 50). Caractéristique des laves basaltiques fluides, cette surface est particulièrement représentée sur les volcans hawaiiens comme le Kilauea ou le Mauna Loa. Lorsque la fluidité des laves basaltiques diminue, en général à cause de leur refroidissement, apparaît alors un amoncellement chaotique de fragments scoriacés à la surface de la coulée volcanique (photos 51, 52 et 53). La lave de plus en plus visqueuse se couvre progressivement d'une carapace presque solide qui, en raison du mouvement de la coulée, se fragmente en blocs qui s'entassent en désordre, protégeant ainsi du refroidissement le cœur de la coulée. La surface rugueuse obtenue est appelée *aa*. En Auvergne, la surface chaotique de la lande, formée par ce type de coulée, est appelée « cheire ».

Les fragments se forment et se déforment à chaud. Il n'est pas rare qu'ils se soudent les uns aux autres à la surface de la coulée, dans un mouvement de « boule de neige » donnant naissance à des boules (*lava ball*) dont le diamètre peut atteindre 3 m. Il existe une importante déformation plastique des fragments. Elle doit cependant être beaucoup plus restreinte sous la mer qu'à l'air libre, en raison de l'effet de trempe. Cette déformation est visible sur tous les échantillons collectés sur le dos de ce type de coulée. Ces derniers ont des formes arrondies, étirées, comme s'ils étaient froissés. La déformation est encore visible à une échelle plus petite, au niveau des vacuoles qui sont aplaties, allongées et parfois même pliées en forme de S. Par ailleurs, de nombreux blocs sont hétérogènes car ils contiennent des fragments plus petits qui, après s'être solidifiés, ont été enrobés par la lave encore fluide.

Une forme tronconique

Il est probable que pour la plupart des monts sous-marins leur croissance ait eu lieu dans un temps très court, à partir d'une poche de magma située à la base de la lithosphère océanique. D'après les observations, il semblerait que les premiers stades du volcanisme hors-axe soient des épanchements de lave de grande ampleur (mont Semicircular), suivis de la formation de cônes plus ou moins réguliers (monts Southeastern et Western). Rapidement, les volcans acquièrent une morphologie tronconique (mont Clipperton), caractérisée par l'apparition au sommet d'un cratère circulaire dont les dimensions (kilométriques) s'apparentent

Photo 51 (© Ifremer-*Cyana*/Campagne *Geocyarise 3* 1984). **Mont Western, plongée 21, prise de vue n° 313, profondeur 2 348 m.** La fragmentation de la surface d'une coulée est un phénomène relativement peu commun dans le domaine marin. Il caractérise les coulées fluides parcourant des distances parfois importantes (plusieurs kilomètres) le long de chenaux plus ou moins larges. Ce phénomène s'apparente à celui qui, dans le domaine aérien, voit la transformation d'une coulée de type *pahoehoe* en coulée de type *aa*.

Photo 52 (© Ifremer-*Cyana*/Campagne *Geocyarise 3* 1984). **Mont Western, plongée 22, prise de vue n° 322, profondeur 2 356 m.** Les fragments scoriacés qui recouvrent les coulées de type *aa* sont appelés « grattons ». Ils ont des surfaces très irrégulières issues de la déformation à chaud d'une lave visqueuse. On peut y voir des figures d'étirement et de torsion. Les plus gros grattons enferment souvent des fragments plus modestes, montrant ainsi les phénomènes de brassage et de fragmentation qui interviennent à la surface de la coulée au cours de son déplacement.

Photo 53 (© Ifremer-*Cyana*/Campagne *Geocyarise 3* 1984). **Mont Western, plongée 21, prise de vue n° 497, profondeur 2 289 m.** Le refroidissement de la lave entraîne une augmentation progressive de sa viscosité. À proximité du point d'émission, la surface d'une coulée se déforme de manière plastique, car la lave est encore chaude. Progressivement, on passe de la déformation à la fragmentation. La coulée se couvre alors de blocs scoriacés, formant comme une écume qui se déplace sur son « dos ».

davantage à celles d'une caldera. Cette forme est commune à pratiquement tous les monts sous-marins dispersés sur la plaque Pacifique, dès que ceux-ci dépassent quelques centaines de mètres.

Une telle morphologie peut évoluer si les éruptions sommitales sont alimentées par les conduits annulaires situés sur le pourtour du cratère. L'origine de ces conduits est à rechercher dans une succession d'effondrements gravitaires limités par un réseau de failles bordières. Ce réseau est emprunté par le magma qui jaillit en surface et qui remplit la dépression morphologique par de volumineuses coulées plates. Les débris rocheux générés par ces effondrements, mais également par les coulées, sont présents sur les flancs de l'édifice, formant ainsi un gigantesque talus d'éboulis.

De multiples effondrements et remplissages, accompagnés éventuellement de la migration des conduits magmatiques, peuvent expliquer la diversité des morphologies tronconiques telles que les cratères égueulés en forme de fer à cheval, la coalescence de plusieurs volcans, la dissymétrie des surfaces sommitales et bien d'autres phénomènes. Il n'existe pas de données précises sur la durée de vie d'un tel mécanisme de croissance. À ce stade d'évolution, un volcan hors-axe est déjà relativement éloigné de la ride, cependant rien ne permet de supposer que l'effondrement sommital marque l'arrêt de son activité. Par exemple, des laves transitionnelles et alcalines sont parfois retrouvées sur de tels volcans et peuvent contribuer à une croissance notable en remplissant la dépression, transformant alors l'aspect tronqué en une forme plus conique.

La caldera

Une caldera ou caldeira (chaudron en espagnol) est une dépression d'origine volcanique, formée à la suite d'un effondrement. De forme plus ou moins circulaire, la caldera possède un diamètre d'au moins 1 km, ce qui permet de la distinguer des cratères dont l'origine est différente. Les structures d'effondrement dont le diamètre est inférieur au kilomètre sont appelées des *pit craters*. Les calderas les plus grandes atteignent plusieurs dizaines de kilomètres de diamètre, comme celle de Long Valley (35 × 20 km), située sur la bordure orientale de la Sierra Nevada en Californie.

La formation d'une caldera se produit suite à la vidange d'un réservoir magmatique après l'effondrement de son toit. L'ensemble des formations volcaniques situées au-dessus, c'est-à-dire le volcan lui-même, se trouve absorbé par le vide ainsi créé. Le volume des matériaux juvéniles émis lors de l'éruption correspond, en équivalant magma, au volume de la dépression. Parmi ces matériaux, on ne retrouve qu'une quantité infime de produits anciens, ceux-ci ayant servi à combler le vide laissé par le réservoir magmatique. Les calderas terrestres aériennes ne sont pas toutes identiques, mais elles peuvent êtres regroupées en trois grandes catégories : les calderas des volcans boucliers basaltiques, les calderas des strato-volcans et les calderas ignimbritiques qui ne sont pas associées à un appareil volcanique antérieur.

La formation d'une caldera ne signifie pas que toute activité volcanique ait cessé. L'effondrement entraîne, sur les pourtours de la dépression, nombre de fractures annulaires qui constituent autant de voies propices à la migration du magma vers la surface *(cone-sheets)*.

Formation de gisements hydrothermaux

Alors que dans l'axe du rift l'activité hydrothermale est éteinte, à la même latitude et à moins d'un kilomètre de distance, des émanations de fluides à haute température forment des dépôts hydrothermaux beaucoup plus importants que ceux situés à l'axe même de la dorsale (photos 54, 55 et 56). Ainsi, au sommet du mont Semicircular, une plage hydrothermalisée de 300 m de long est découpée en son milieu par une faille tectonique récente, laissant découvrir l'empilement lenticulaire des dépôts successifs. Ceci ne met pas un terme aux émanations hydrothermales qui perdurent au travers des éboulis, édifiant des cheminées hautes d'environ 30 cm, ainsi que le long de la faille où s'imposent des cheminées de 12 m de hauteur, couvertes de manganèse.

L'hydrothermalisme de haute température, en un lieu donné, n'est pas un phénomène continu dans le temps. Il se compose de phases d'intense activité, durant lesquelles se déposent les sulfures, entrecoupées par des périodes plus calmes où l'émanation des fluides peut même être stoppée. L'existence de telles phases dans l'activité hydrothermale, qu'elle soit axiale ou bien hors-axe, est

Photo 54 (© Ifremer-*Cyana*/Campagne *Geocyarise 3* 1984). **Mont Semicircular, plongée 24, prise de vue n° 532, profondeur 2 575 m.** Les volcans hors-axe sont le siège d'une très importante activité hydrothermale. Certains de ces volcans, comme le mont Southeastern à 13° 43' N, sont recouverts d'une épaisse croûte de dépôts hydrothermaux évaluée à plusieurs millions de tonnes. L'activité hydrothermale du mont Semicircular est similaire à celle de la dorsale toute proche avec des fumeurs noirs dégageant des fluides à haute température.

Photo 55 (© Ifremer-*Cyana*/Campagne *Geocyarise 3* 1984). **Mont Western, plongée 22, prise de vue n° 13, profondeur 2 345 m.** La trace du passage des fluides hydrothermaux à travers des formations superficielles s'observe ici sous forme de conduits remplis d'hydroxydes de fer, soulignés par la couleur jaune vif de ces derniers. Les dépôts hydrothermaux et les produits volcaniques sont confondus dans les encroûtements qui recouvrent les volcans ainsi que dans les produits de leur érosion, transportés par le courant.

Photo 56 (© Ifremer-*Cyana*/Campagne *Cyatherm* 1982). **Mont Southeastern, plongée 14, prise de vue n° 175, profondeur 2 562 m**. Les activités hydrothermale et éruptive se succèdent au cours de l'édification d'un volcan. Il y a donc un recouvrement permanent des dépôts hydrothermaux par des coulées plus récentes. Ce qui est observé, comme ces hydroxydes de fer de couleur jaune citron, n'est en fait qu'une partie vraisemblablement infime de la totalité des produits hydrothermaux qui se sont interstratifiés à l'intérieur du volcan durant le temps nécessaire à sa croissance. Un affleurement de sulfure massif composé de fer, de zinc et de cuivre est exposé sur le flanc faillé du volcan, à 6 km à l'est de l'axe de la dorsale Pacifique est et à 13° 42' N. Le massif est entouré d'hydroxyde de fer et de manganèse.

vraisemblablement liée aux cycles magmatiques et tectoniques de la dorsale. Cependant, des études théoriques sur les transferts de chaleur en milieu poreux ont montré que les cellules de convection qui se créent évoluent naturellement dans l'espace au cours du temps, et ceci en l'absence de toute variation dans l'apport de chaleur (remontée de magma) ou dans le degré de perméabilité du milieu (fracturation tectonique).

Un gisement hydrothermal occupant une surface triangulaire de 900 × 800 × 700 m a été découvert dans la partie sommitale sud du mont Southeastern. Ce dépôt est l'un des plus importants connus à ce jour le long de la dorsale du Pacifique est. Les mesures de résistivité électrique entreprises durant la campagne *Geocyarise* montrèrent que l'épaisseur pouvait, en certains endroits, dépasser les 9 m. C'est ainsi que la masse du dépôt a pu être estimée à 3,8 millions de tonnes environ.

Formation de gisements métallifères

La répétition d'une activité hydrothermale à l'intérieur d'un périmètre restreint peut conduire à la formation de gisements métallifères importants. Chaque épisode hydrothermal apporte sa contribution au gisement, principalement au cours de l'émanation des fluides à haute température. La formation d'un gisement peut être divisée en cinq épisodes majeurs (figure 23) :
– a) les premiers fluides de basse température percolent au travers des pillow lavas et des laves lobées, qui constituent le plancher océanique, en y déposant des oxydes, des hydroxydes et quelques sulfures de fer parmi lesquels une première communauté animale peut déjà se développer ;

– b) les fluides de haute température (320-350 °C) déchargent la plus importante quantité de produits au travers de cheminées faîtes essentiellement de sulfures de cuivre et d'anhydrite ($CaSO_4$). La coalescence de plusieurs cheminées commence à former des constructions volumineuses et poreuses appelées des massifs, au travers desquelles les fluides percolent et où précipitent les sulfures de zinc, de cuivre et de fer. À l'intérieur des basaltes sous-jacents et du complexe filonien, la circulation de fluides chauds provoque des phénomènes d'altération et de précipitations hydrothermales qui constituent le *stockwork* ;

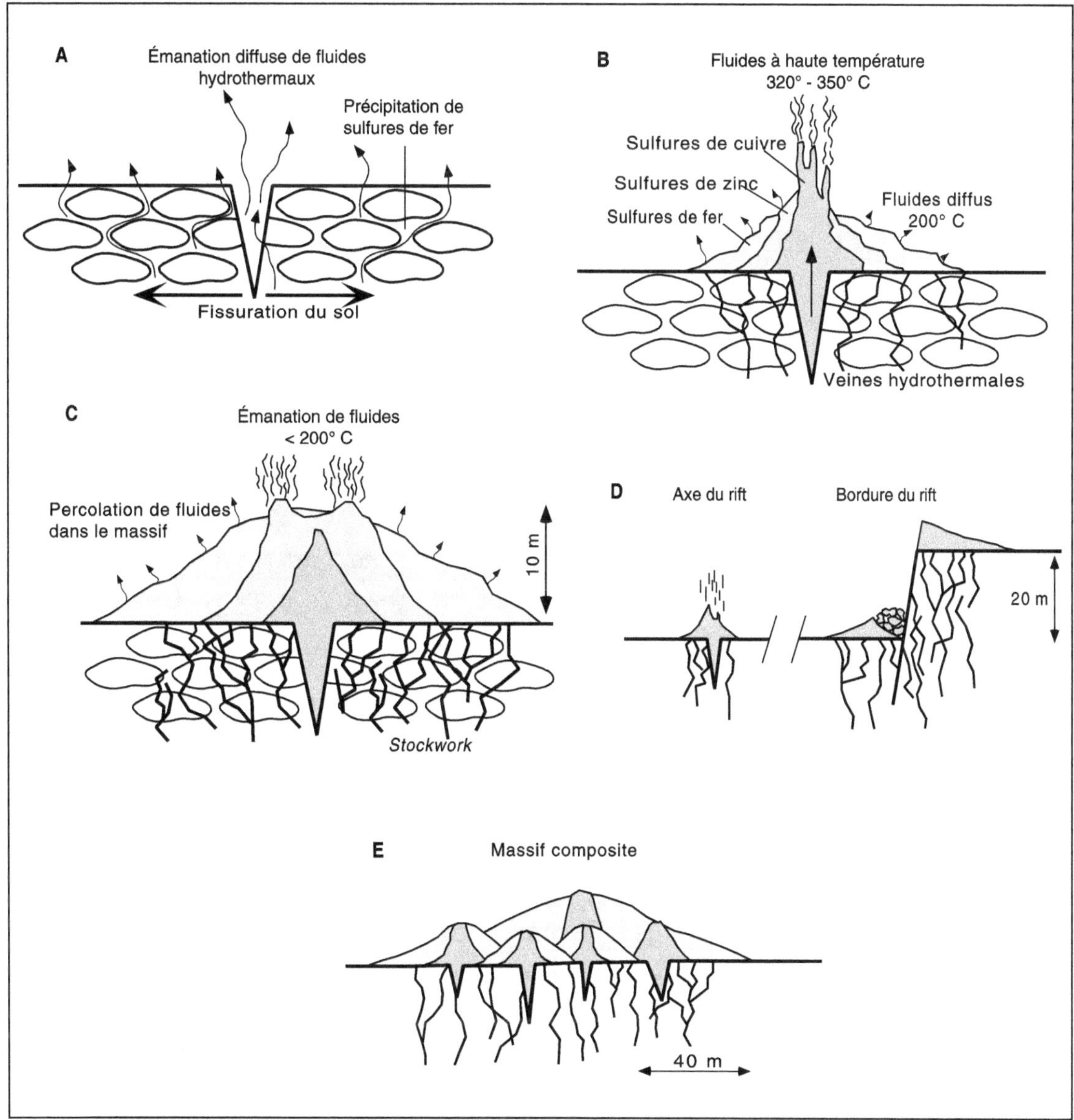

Figure 23. Formation d'un massif hydrothermal. L'ensemble des observations réalisées sur les dépôts hydrothermaux, qui sont associés au volcanisme des dorsales océaniques et des structures hors-axe, a permis de proposer un modèle de formation en cinq étapes des masses minérales. Ces masses renferment des volumes parfois considérables, comme sur le flanc sud du mont Southeastern où le gisement est estimé à environ 3,8 millions de tonnes (d'après Hekinian et Fouquet, 1985).

– c) l'activité de haute température fait place à une phase plus diffuse de fluides moins chauds dont les composés minéraux vont progressivement colmater les pores du massif hydrothermal. Ce phénomène fait apparaître une zonation minérale avec comme constituants principaux, depuis la zone centrale vers les bords, des sulfures de cuivre, de zinc, de fer et des sulfures de fer colloïdaux ;
– d) la fracturation du plancher, liée à l'expansion océanique, entraîne la formation de failles normales qui portent à l'affleurement les zones internes des massifs hydrothermaux, le *stockwork* ainsi que le réseau de fissures minéralisées situées sous le massif. Il se forme au pied de la faille des éboulis. L'activité hydrothermale pourra éventuellement reprendre à proximité et ainsi faire croître le gisement ;
– e) un gisement de sulfures métalliques est constitué par un ensemble de corps lenticulaires, chacun étant issu d'un événement hydrothermal distinct.

L'abondance des monts sous-marins

Les différents auteurs s'accordent pour définir un mont sous-marin comme étant une structure individuelle, haute d'au moins 50 m et dont le contour est relativement circulaire. L'utilisation des données bathymétriques et des images acoustiques a permis d'estimer la densité de monts sous-marins. Pour l'océan Pacifique, suivant les auteurs, et en ne considérant pas les structures volcaniques pouvant être liées aux points chauds, cette estimation varie entre 7 000 et 9 000 par million de km², avec 800 édifices atteignant au moins 500 m. Ceci revient à comptabiliser de 1 à 1,5 million de monts sous-marins. Les appareils des points chauds font croître significativement le nombre des édifices de grande dimension.

L'abondance des monts sous-marins s'accroît considérablement depuis l'axe de la dorsale jusqu'à une distance correspondant à une lithosphère océanique vieille de 10 millions d'années. Au-delà, le nombre des monts sous-marins ne s'accroît plus significativement pour pouvoir être comptabilisé. Le nombre des petits édifices, hauts de moins de 300-400 m, est pratiquement stabilisé dans l'intervalle de temps de 0,5 à 2 millions d'années, alors que celui des plus gros « appareils » peut encore croître jusqu'à 30-40 millions d'années. Ensuite, la tendance s'inverse. En effet, la densité de volcans décroît progressivement en raison de l'enfouissement des édifices les plus modestes par les sédiments pélagiques.

L'ensemble des monts sous-marins, et ceci uniquement dans le Pacifique, représenterait un volume total de l'ordre de 10 millions de km³. Ces chiffres subiront vraisemblablement de nombreuses révisions au fur et à mesure que la cartographie des fonds océaniques sera complétée (figure 24). Aujourd'hui, environ un cinquième de la surface totale des fonds océaniques a été cartographié.

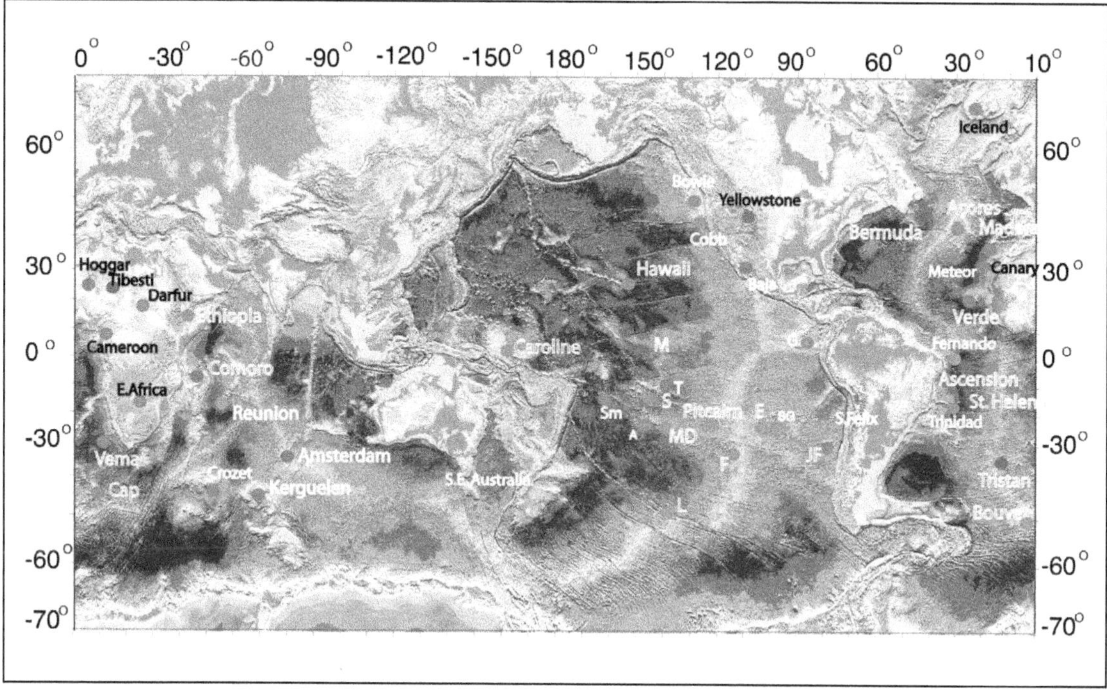

Figure 24. Carte des reliefs sous-marins. La carte du fond des océans, obtenue grâce aux mesures gravimétriques réalisées par satellite dans les études de Sandwell et Smith (1995) et Smith et Sandwell (1997) et reproduite par D. Aslanian (Ifremer), permet de repérer les plus gros monts sous-marins ainsi que les principaux reliefs (dorsales, zones de fracture et zones de subduction) présents sur le fond des océans. La plus forte concentration de volcans sous-marins apparaît dans la partie occidentale de l'océan Pacifique, là où la plaque océanique est la plus vieille (d'après Craig et Sandwell, 1988). La distribution des principaux points chauds est indiquée.

A : mont sous-marin Arago ; **F** : mont sous-marin Foundation ; **G** : Galápagos ; **JF** : île Juan Fernandez ; **L** : mont sous-marin Louisville ; **M** : îles Marquise ; **MD** : mont sous-marin Macdonald ; **S** : îles de la Société ; **SG** : île Sal y Gomez ; **Sm** : îles Samoa ; **T** : Tuamotu.

Les points chauds
Naissance d'une île océanique

Au milieu du Pacifique, îles et atolls s'égrènent le long d'archipels formant de longs alignements parallèles. À l'origine de chaque terre émergée se trouve la partie sommitale de gigantesques volcans édifiés sur un fond océanique parfois situé à plus de 4 000 m de profondeur. Ces îles, dont les âges croissent progressivement depuis l'extrémité orientale des archipels, sont issues de l'activité volcanique d'un point chaud, c'est-à-dire d'une remontée profonde de magma venant percer la plaque lithosphérique et donnant naissance au volcanisme intraplaque.

Les points chauds de la Société, des Australes et de Pitcairn

La plupart des édifices volcaniques portés par les plaques océaniques sont issus de l'activité d'un point chaud (cf. page 106) dont le nombre à la surface du globe varie de 42 à 117, selon les auteurs. On dénombre actuellement sur la plaque Pacifique cinq points chauds ayant montré des signes d'activité au cours de la période historique. Il s'agit d'Hawaii (volcan Loihi), des Samoa (mont Rockne), de la Société (mont Teahitia), des Australes (mont Macdonald) et de Gambier-Pitcairn (monts Adams et Bounty) (cf. figure 24).

L'archipel de la Société, situé dans le Pacifique sud, comprend une dizaine d'îles alignées dont les âges évoluent progressivement depuis l'île de Mehetia jusqu'à l'île de Maupiti, cette dernière étant située à 440 km au nord-ouest et dont certaines roches furent datées à 4,34 millions d'années (cf. figure 24 et figures 25A et 25B). D'une superficie de 65 000 km^2, l'archipel de la Société comprend, dans sa partie orientale, une région affectée par un volcanisme actif de type point chaud qui s'étend au sud-est de la péninsule de Taiarapu (Tahiti) et qui inclut l'île de Mehetia. Cette région occupe environ 20 % de la surface totale de l'archipel. Des éruptions sous-marines y ont édifié six volcans principaux nommés : Teahitia, Turoi, Rocard, Cyana, Moua Pihaa et Mehetia. Ces deux derniers, les plus volumineux, dominent de plus de 4 000 m le fond océanique. Bien que tous ces volcans aient été récemment actifs, seul Teahitia montre actuellement des signes d'activité sous forme d'émanations hydrothermales.

Les édifices du point chaud prennent place sur une croûte océanique vieille de 65 millions d'années. À cet endroit du Pacifique, la profondeur du plancher océanique est de l'ordre de 4 300 m. Cependant, à l'intérieur du périmètre du point chaud de la Société, cette profondeur n'est plus que de 3 800 m environ. Cette surélévation du plancher océanique est due en partie à l'accumulation de débris rocheux provenant du démantèlement des flancs des édifices volcaniques

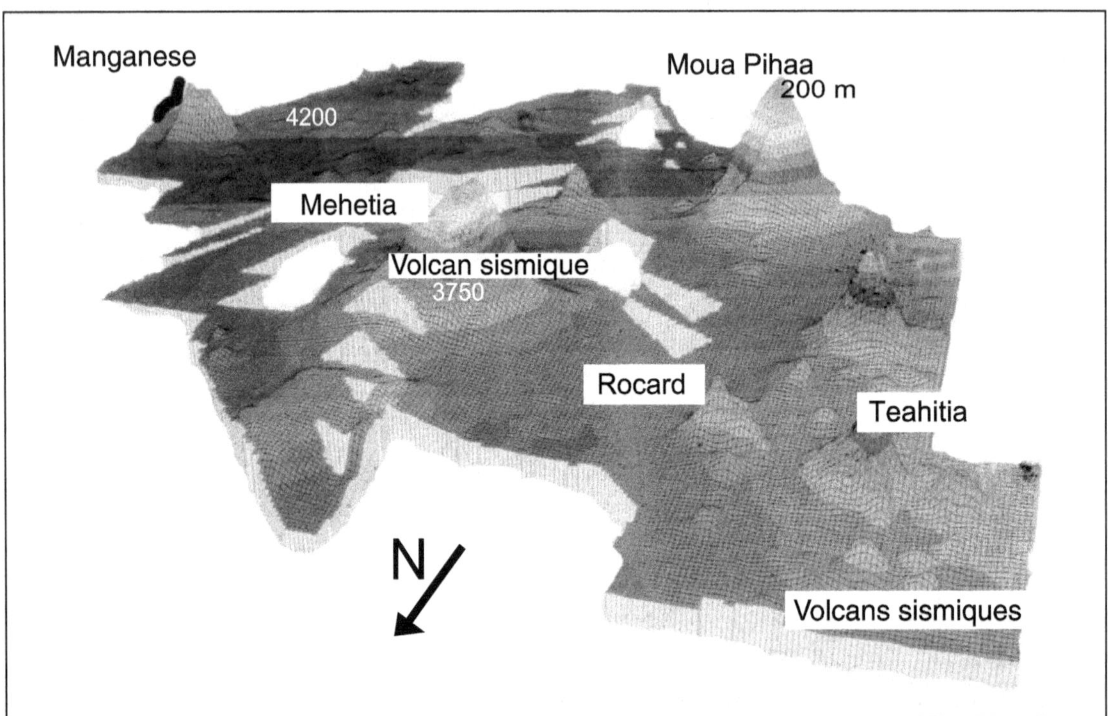

Figures 25A. Point chaud de l'archipel de la Société. Ce diagramme montre une partie des édifices volcaniques du point chaud de l'archipel de la Société et souligne l'élévation du plancher océanique à l'intérieur de cette zone. La représentation en trois dimensions est réalisée à partir des données bathymétriques (cf. figure 25B), obtenues lors d'une campagne de cartographie marine du navire océanographique *Jean Charcot*, grâce à l'utilisation d'un sondeur multifaisceaux de type *Sea Beam*.

au cours de leur édification, sous l'effet de glissements en masse et d'éboulements gravitaires.

L'archipel des Australes s'étend sur une longueur d'environ 1 700 km. Il est parallèle à la chaîne de la Société dont il n'est éloigné que de 400 km, plus au sud. Il ne constitue pas un alignement parfait, mais il est interrompu par le milieu, sa partie orientale étant décalée d'environ 200 km vers le sud (cf. figure 25). Cependant, l'âge des îles et des atolls croît vers l'extrémité occidentale de la chaîne, suggérant ainsi que les structures volcaniques sont liées à l'existence d'un point chaud, représenté actuellement par le volcan sous-marin Macdonald, découvert en 1969.

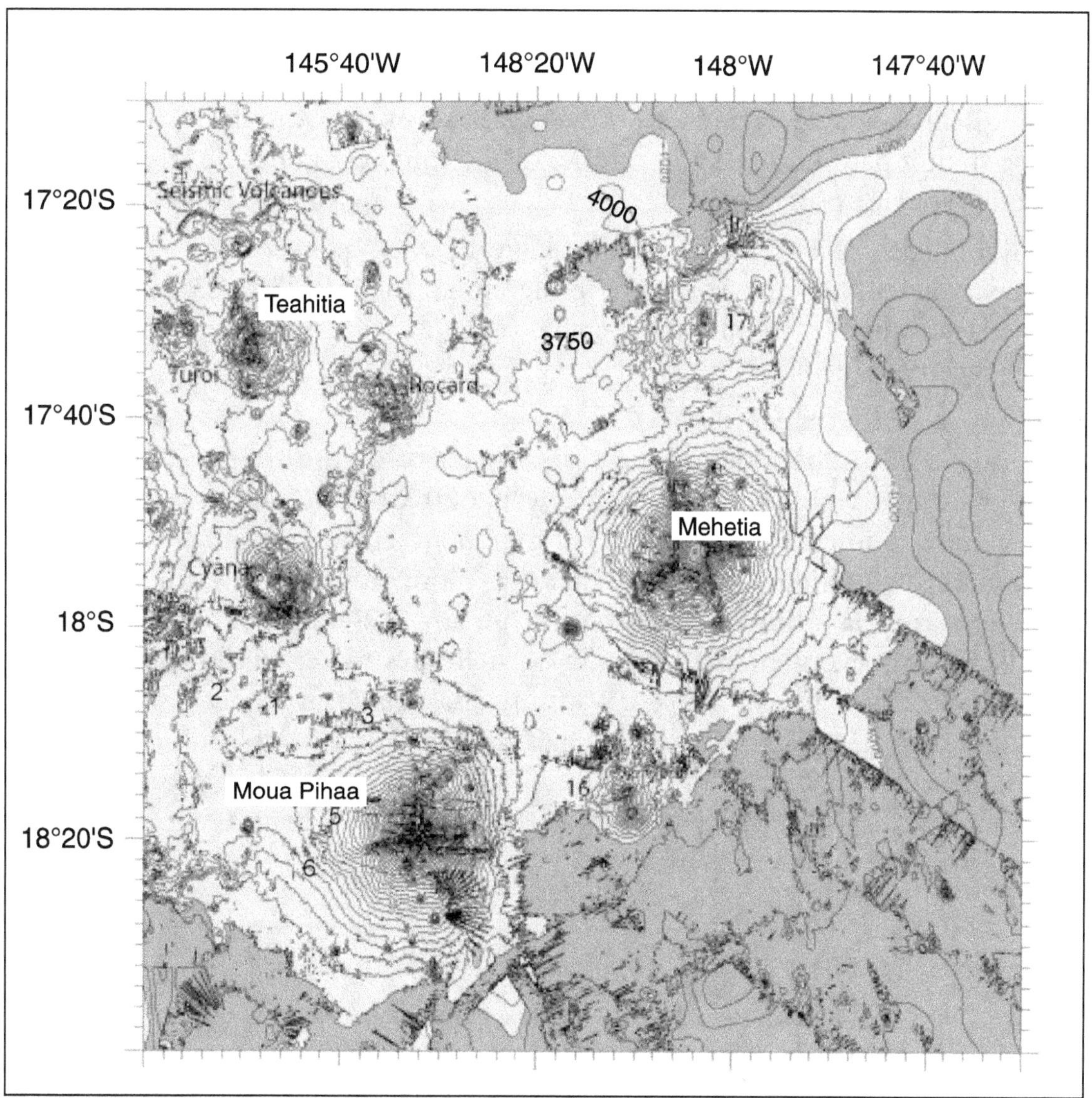

Figure 25B. Point chaud de l'archipel de la Société. La carte bathymétrique (A. Bonneville, communication personnelle) a été reconstruite à partir de données multifaisceaux compilées et montre une multitude de petits volcans de moins de 500 m de hauteur ainsi que des édifices plus gros de plus de 1 000 m de haut (Binard *et al.*, 2004).

Le point chaud de Pitcairn serait à l'origine de l'alignement des îles Duke of Gloucester, des atolls de Mururoa et de Fangataufa, des îles Gambier et de celle de Pitcairn (cf. figure 24). La trace actuelle de ce point chaud se situe à environ 100 km de cette dernière, et se présente sous la forme d'une zone volcanique comprenant les monts sous-marins Adams et Bounty (s'élevant respectivement à 3 340 et 2 950 m au-dessus du plancher océanique) ainsi qu'une dizaine de petits édifices de moins de 600 m de hauteur.

Le phénomène de point chaud

C'est en observant l'organisation des édifices volcaniques le long d'archipels tels que la chaîne des îles Hawaii-Empereur dans le Pacifique, que J. Tuzo Wilson, en 1963, avança pour la première fois l'idée que ces alignements pouvaient résulter du déplacement des plaques lithosphériques au-dessus d'une source thermique fixe, appelée « panache ». L'impact à la surface du globe de ces panaches se traduit par une zone volcanique, de quelques centaines de kilomètres de diamètre, appelée point chaud.

La datation des roches a montré que l'âge des îles qui forment par exemple l'archipel de la Société croissait régulièrement depuis l'extrémité orientale (Mehetia) jusqu'à l'extrémité occidentale (Maupiti). Ceci confirme l'hypothèse du déplacement de la plaque Pacifique, à raison de 11 cm par an environ, au-dessus d'un panache supposé fixe.

Alors que la lithosphère océanique a une épaisseur de l'ordre de 70 à 100 km, l'origine des panaches pourrait se situer vers 650 km, à la limite manteau supérieur/manteau inférieur, ou plus profondément encore vers 2 900 km, à la limite manteau inférieur/noyau. Le flux thermique du panache vient s'immobiliser à la base de la lithosphère, entraînant un amincissement et un bombement de celle-ci. Il provoque aussi la fusion partielle des matériaux lithosphériques, générant ainsi les magmas qui, se frayant un passage au travers des discontinuités structurales de la croûte océanique, vont être à l'origine du volcanisme de point chaud. Avec le flux thermique, remontent aussi des matériaux profonds dont les caractéristiques chimiques vont affecter la qualité des magmas et, par conséquent, la qualité des laves épanchées à la surface.

Un champ de laves plates

La découverte d'un champ de laves plates, situé à la base orientale du volcan Teahitia, fut inattendu. Ce type de morphologie plane est caractéristique des surfaces de lacs de lave solidifiés. On y retrouve tous les aspects aériens tels qu'une succession de bombements décamétriques délimités par des fissures (photo 57) ainsi que des plissements formant des surfaces drapées et cordées (photo 58).

Photo 57 (© Ifremer-*Cyana*/Campagne *Teahitia II* 1989). **Teahitia, plongée 11, prise de vue n° 009, profondeur 2 787 m.** Des champs de laves plates occupent la base du volcan Teahitia. La surface de ces laves est une succession de bombements surbaissés, délimités par des fractures peu profondes. Cette morphologie de coulée, observée par 2 800 m de profondeur, est en tout point similaire à celle des lacs de lave refroidis du domaine aérien. La présence de l'eau ne semble pas avoir affecté profondément la mise en place de la coulée.

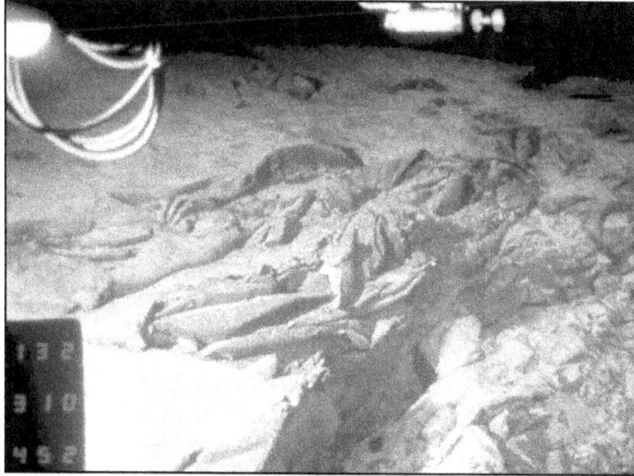

Photo 58 (© Ifremer-*Cyana*/Campagne *Teahitia II* 1989). **Teahitia, plongée 11, prise de vue n° 163, profondeur 2 785 m.** Les surfaces plissées sont généralement associées aux champs de lave couvrant de grandes surfaces. Elles résultent des irrégularités de la vitesse de mise en place des laves ainsi que des tensions mécaniques qui s'exercent en surface. Ce type de morphologie suggère que la mise en place de la coulée s'est effectuée très rapidement, de telle sorte que la surface puisse se plisser avant d'être figée au contact de l'eau de mer.

L'apparition d'un tel type de coulée est liée à l'épanchement rapide, à l'intérieur d'une enceinte morphologique, d'un important volume de laves fluides, telles les basaltes des îles océaniques. L'enceinte peut être représentée soit par les murs d'un ancien cratère d'effondrement, soit par des levées naturelles faites de lave solidifiée, soit encore par une dépression tectonique à l'instar des lacs de lave situés dans l'axe des dorsales océaniques. Cependant, aucune morphologie de ce type n'a pu être relevée à la base de Teahitia. Ces coulées plates se seraient donc mises en place sur une topographie plane en l'absence de tout obstacle.

L'existence de ces surfaces sous l'eau soulève à la fois le problème de la vitesse de refroidissement et celui de l'épaisseur de verre formé au moment de la mise en place de la coulée. Une épaisseur trop importante de verre n'empêcherait pas la surface de se déformer mais provoquerait l'apparition de craquelures, de cicatrices, telles que les stries de croissance inscrites à la surface des pillow lavas ; or ceci n'est pas le cas des laves plates.

Ces coulées ne peuvent naturellement pas prendre place sur les flancs inclinés des volcans. Leur présence, au pied de Teahitia, laisse supposer qu'une partie du volume de lave, émis au niveau du point chaud, ne se trouve pas impliquée dans la construction d'appareils volcaniques, mais qu'elle pourrait recouvrir d'une chape plus ou moins épaisse le plancher océanique dans la zone du point chaud. Si tel était le cas, ces coulées seraient, avec les produits épiclastiques provenant des volcans, à l'origine d'une élévation de ce plancher qui est estimée à environ 500 m.

Un empilement de tubes

Les éruptions qui prennent place sur les flancs des volcans intraplaques, comme celles des points chauds de la Société et des Australes, se concentrent presque exclusivement au niveau des zones de rifts, formant ainsi une succession de cônes volcaniques d'âges variés, alignés le long de fissures éruptives.

Comme dans le domaine aérien, une coulée sous-marine montre des caractéristiques morphologiques différentes selon que l'on observe son sommet, sa partie centrale ou ses fronts. Ainsi les coulées de basalte des édifices intraplaques ont un sommet marqué par une topographie aplatie, avec des pillow lavas sphériques ou peu allongés, d'un diamètre de l'ordre de quelques mètres, ce qui est nettement supérieur au diamètre moyen des pillow lavas localisés sur les flancs. On y observe aussi des cônes formés par l'écoulement radial de tubes de lave correspondant aux dernières extrusions de lave, juste avant que l'éruption ne cesse (photo 59). Ces formes coniques, comprises entre 5 et 20 m de hauteur, possèdent leur équivalent aérien nommé « tumulus » que l'on peut observer en particulier sur des volcans tels qu'à Hawaii et à la Réunion.

La partie centrale de la coulée est faite de pillow lavas très allongés qui forment des tubes dépassant parfois la dizaine de mètres de longueur et qui s'empilent sur des surfaces inclinées à plus de 60° (figure 26, photos 60 et 61). Ces tubes sont ponctués de digitations et de protubérances sphériques coïncidant, dans bien des cas, avec un coude.

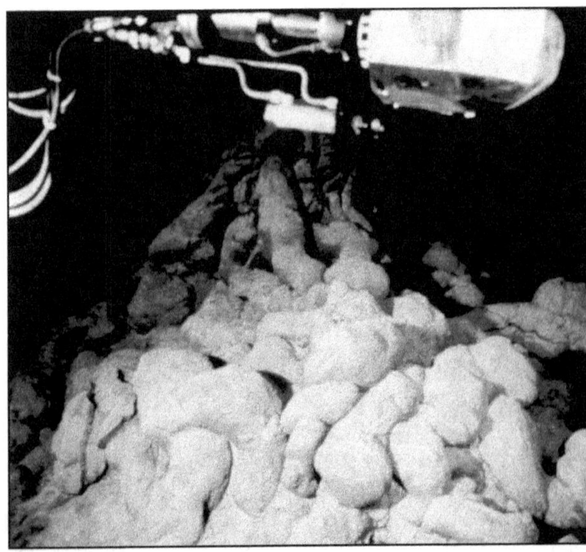

Photo 59 (© Ifremer-*Cyana*/Campagne *Teahitia II* 1989). **Teahitia, plongée 11, prise de vue n° 327, profondeur 2 621 m.** Les sites d'extrusion de lave sont marqués par des structures radiales faites de pillow lavas allongés, formant des empilements coniques d'une hauteur variant entre 5 et 20 m. Ces empilements représentent les dernières manifestations effusives des éruptions sous-marines. Ils s'observent principalement en amont des coulées et au sommet des cônes volcaniques, matérialisant la zone d'émission de la lave.

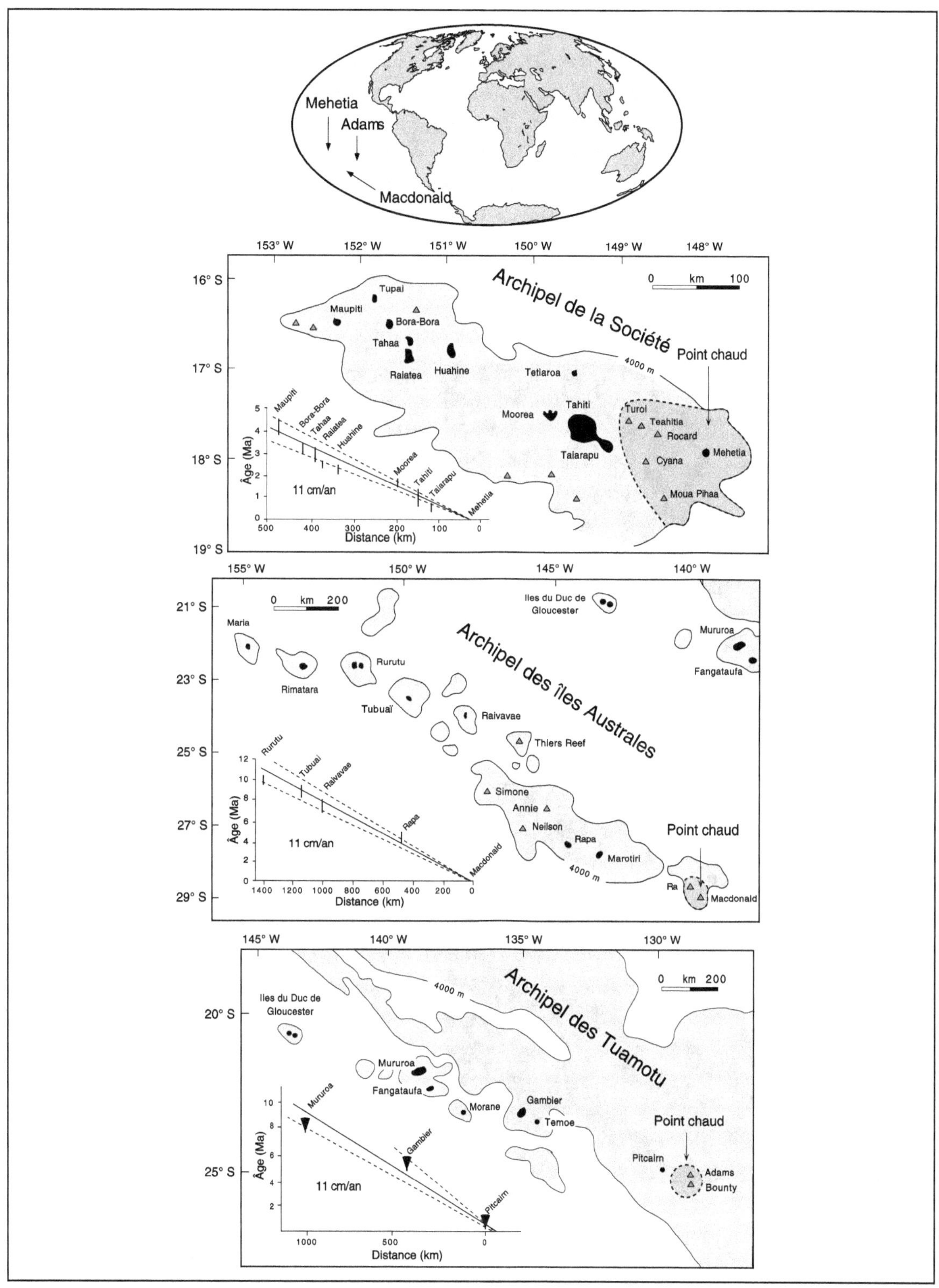

Figure 26. Points chauds de la Polynésie française et de Pitcairn. Situés dans le Pacifique sud, les archipels des îles de la Société, des îles Australes et de Mururoa-Gambier-Pitcairn sont issus de l'activité volcanique de trois points chauds, centrés sur les volcans Mehetia, Macdonald et Adams, respectivement. La datation des îles et atolls formant ces archipels a permis de révéler l'existence de ces points chauds et de mesurer la vitesse de déplacement de la plaque Pacifique au-dessus de ces derniers, soit 11 cm/an environ.

Les fronts des coulées sont soulignés par des falaises subverticales, élevées parfois de plus de 50 m suite à la fragmentation des extrémités des tubes de lave (photo 62) et dont les blocs alimentent des talus d'éboulis (photo 63). Lorsque ces falaises sont recouvertes par des coulées plus récentes, il peut se former de véritables stalactites de lave qui sont des pillow lavas formés dans le vide à la suite de l'écoulement vertical de la lave (photo 64). On comprendra que de telles morphologies soient extrêmement fragiles et que leur observation ne soit rendue possible que grâce à la fréquence élevée des éruptions, comme c'est le cas pour le volcan Teahitia.

Photo 60 (© Ifremer-*Cyana*/Campagne *Teahitia II* 1989). **Teahitia, plongée 07, prise de vue n° 184, profondeur 2 771 m.** Les pillow lavas allongés, dont l'empilement forme couramment des surfaces ayant plus de 60° de déclivité, constituent la majeure partie des coulées sous-marines. Avec un diamètre de quelques décimètres, ces tubes de lave peuvent êtres rectilignes sur une dizaine de mètres avant de se ramifier ou de s'arrêter. Ils sont ponctués d'excroissances sphériques correspondant parfois à un changement d'orientation du tube ou à une digitation.

Photo 61 (© Ifremer-*Cyana*/Campagne *Teahitia II* 1989). **Teahitia, plongée 17, prise de vue n° 320, profondeur 2 305 m.** Les pillow lavas allongés sont autant de tubes creux à travers lesquels la lave circule depuis la zone éruptive jusqu'au front de la coulée. Par arrêt ou ralentissement de l'alimentation, certains de ces tubes se vident progressivement de leur contenu. Protégée d'un refroidissement rapide par l'enveloppe vitreuse, la lave développe alors des surfaces cordées qui indiquent le sens de déplacement du flot à l'intérieur du tube.

Cœur de pillow

Ce que l'observateur voit depuis le hublot du submersible n'est en fait que la partie figée d'une coulée. Après la formation très rapide de l'enveloppe d'un pillow lava, le cœur va subir un refroidissement beaucoup plus lent, au cours duquel de nombreuses transformations peuvent apparaître. Ainsi, malgré la rigidité d'une carapace vitreuse centimétrique, le pillow lava se déforme sous son

Photo 62 (© Ifremer-*Cyana*/Campagne *Teahitia II* 1989). **Teahitia, plongée 17, prise de vue n° 185, profondeur 2 444 m.** Les fronts des coulées sous-marines sont souvent marqués par la présence d'une falaise verticale pouvant atteindre une cinquantaine de mètres de hauteur. L'empilement vertical des pillow lavas au cours d'une éruption tend à accroître l'inclinaison de la surface d'une coulée, provoquant ainsi la création de fronts quasi verticaux qui ne tardent pas à se fragmenter, ce qui laisse place à une falaise.

Photo 63 (© Ifremer-*Cyana*/Campagne *Teahitia II* 1989). **Teahitia, plongée 07, prise de vue n° 237, profondeur 2 659 m.** Les surfaces situées en aval des coulées sont généralement recouvertes par des talus d'éboulis, constituées par des blocs de pillow lavas issus de la fragmentation des fronts de ces coulées. La dimension de ces talus est comparable à la largeur de la coulée. Le faible déplacement subi par les blocs depuis le front de la coulée explique leur aspect anguleux ainsi que leurs dimensions homométriques.

Photo 64 (© Ifremer-*Cyana*/Campagne *Teahitia II* 1989). **Teahitia, plongée 09, prise de vue n° 225, profondeur 2 635 m.** L'écoulement vertical de la lave en milieu marin provoque la formation de véritables stalactites. Le phénomène correspond ici au chevauchement d'une coulée récente au-dessus d'une falaise issue de la fragmentation du front d'une coulée plus ancienne. Ce type de morphologie est particulièrement rare en raison de son extrême fragilité et souligne l'intensité de l'activité actuelle du volcan Teahitia.

propre poids (photo 65). Il épouse les formes topographiques précédentes, en l'occurrence, il tend à remplir le vide qui existe au sommet des pillow lavas sous-jacents en développant une sorte de protubérance à sa base (photo 66).

La fracturation brutale de l'enveloppe d'un pillow lava peut entraîner la vidange immédiate de son contenu (photos 67 et 68). Cette forme, quelque peu singulière, est parfois nommée œuf de lave. L'épanchement qui se produit est appelé lave plate *(sheet flow)* en raison de sa très faible épaisseur et de l'absence de toute figure d'écoulement à sa surface. Lorsqu'un pillow lava se vide progressivement de son contenu, par exemple à la fin d'une éruption ou à la suite d'un appauvrissement de l'alimentation en lave, il peut se former à l'intérieur une succession

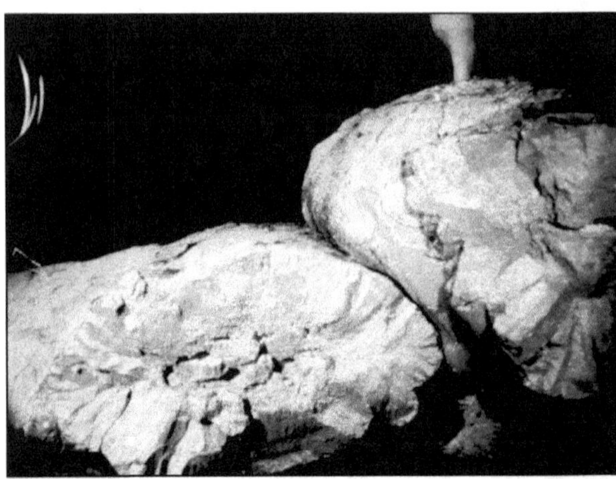

Photo 65 (© Ifremer-*Cyana*/Campagne *Teahitia II* 1989). **Teahitia, plongée 12, prise de vue n° 148, profondeur 2 224 m.** Les pillow lavas, vus en coupe, montrent une section aplatie acquise par déformation plastique au moment de leur mise en place. L'enveloppe externe sombre est faite d'un verre volcanique qui se fige au moment de la trempe, la lave subissant cette dernière au contact de l'eau de mer. La partie interne microlitique montre une structure radiale caractéristique, acquise lors du refroidissement plus lent du cœur du pillow lava.

Photo 66 (© Ifremer-*Cyana*/Campagne *Teahitia II* 1989). **Teahitia, plongée 07, prise de vue n° 589, profondeur 2 149 m.** La face d'une falaise permet d'observer la déformation des pillow lavas lors de leur mise en place et de leur empilement. Seule l'enveloppe externe vitreuse est solide au moment de la formation du pillow. Sous l'effet de son propre poids, il entraîne une déformation plastique de son enveloppe et vient épouser les formes du relief préexistant. Ainsi, dans leur grande majorité, les pillow lavas montrent une section légèrement aplatie.

Photo 67 (© Ifremer-*Cyana*/Campagne *Teahitia II* 1989). **Teahitia, plongée 17, prise de vue n° 012, profondeur 2 590 m.** L'œuf est le nom donné à un pillow lava sphérique dont le contenu s'est répandu. Cette morphologie est due au détachement d'une grosse partie de l'enveloppe vitreuse après que l'alimentation en lave dans le pillow se soit interrompue. Il s'en suit une vidange de la sphère, suffisamment rapide pour que la lave puisse s'écouler avant d'être figée par effet de trempe au contact de l'eau de mer.

de strates de laves parallèles et horizontales, ou pseudo-stratification, témoignant des étapes successives de la vidange du pillow (photo 69, figures 27 et 28). Les différentes étapes conduisant à la formation des strates dans les pillow lavas sont identiques à celles qui, à une échelle plus grande, donnent naissance à la pseudo-stratification des lacs de lave.

La section transversale d'un pillow lava montre une bordure vitreuse figée (centimétrique) et une partie interne microlitique affectée d'une fracturation radiale (photos 70A et 70B). Par analogie, la même coulée mise en place en milieu aérien produira, par exemple, une surface de type pahoehoe dont la coupe d'une protubérance cylindrique peut être comparée à celle d'un pillow lava, en particulier l'enveloppe de verre volcanique qui existe malgré un refroidissement lent. C'est la présence de verre à la surface de ces coulées qui leur confère un aspect brillant et satiné, lorsqu'elles sont récentes, aspect qui est à l'origine du nom pahoehoe voulant dire « satiné » en polynésien.

Des formes singulières

La surface des pillow lavas est généralement affectée par un système de fissures et de stries de croissance relativement complexe, issu de la fracturation de la surface durcie au contact de l'eau (photo 71).

La fracturation de cette surface peut conduire à la formation d'une ouverture circulaire dans la carapace vitreuse des pillow lavas, donnant alors naissance à de singulières excroissances nommées des *trapdoors* (photo 72). De forme trapue et relativement courte, le *trapdoor* est un faible volume de lave extrudé, comme de la pâte dentifrice. Certaines fractures découpent longitudinalement les flancs des pillow lavas allongés, provoquant ainsi une croissance verticale plus ou moins complexe (photo 73). Le *trapdoor* est chapeauté par l'ancienne croûte du pillow lava, et sa surface latérale porte des stries parallèles au mouvement de croissance. Cette morphologie est intéressante par le fait qu'elle illustre le mécanisme de scission des pillow lavas qui permet la progression d'une coulée.

L'effet de trempe que subit la lave au contact de l'eau de mer donne au volcanisme sous-marin une dimension particulière en permettant de figer dans le temps des phénomènes fugaces ou exceptionnels et dont la trace en domaine aérien serait immédiatement perdue. C'est le cas, par exemple, des cheminées de verre volcanique, observées sur les flancs du volcan Teahitia (photo 74). D'une hauteur inférieure au mètre, ces cheminées sont constituées par une ramification de tubes dont les parois sont épaisses de moins d'un centimètre. Le fait que la totalité de la cheminée soit faite de verre suggère que leur formation est très rapide, peut-être une émission soudaine de lave entraînée par des fluides sous pression. Par comparaison, ces cheminées rappellent les hornitos du domaine aérien, empilements de paquets de lave chauds autour d'une bouche, située à la surface d'une coulée et par où s'échappent les gaz volcaniques.

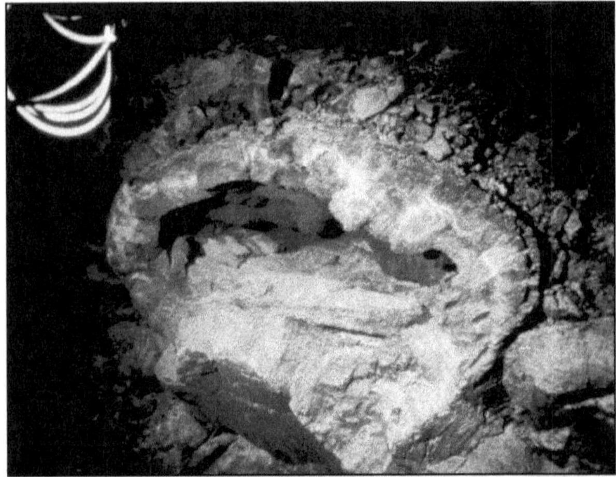

Photo 68 (© Ifremer-*Cyana*/Campagne *Teahitia II* 1989). **Teahitia, plongée 19, prise de vue n° 214, profondeur 2 771 m.** Le phénomène de vidange rapide d'un pillow lava allongé se rencontre parfois. La surface figée du contenu du tube, appelée « *sheet flow* », ne montre aucune déformation (comme c'est le cas des figures cordées), suggérant que l'écoulement s'est effectué très rapidement. Dans le cas des pillow lavas situés sur une pente, le phénomène se conçoit d'autant mieux qu'ils possèdent généralement une inclinaison significative.

Photo 69 (© Ifremer-*Cyana*/Campagne *Teahitia II* 1989). **Teahitia, plongée 20, prise de vue n° 194, profondeur 2 740 m.** La stratification interne des pillow lavas, qu'ils soient allongés ou bien sphériques, est due à une diminution progressive et lente du volume de lave qu'ils contiennent. À chaque étape de cette diminution de volume, la surface de la lave se fige lentement, ou rapidement par trempe avec de l'eau de mer infiltrée dans la cavité alors formée, donnant ainsi une succession de strates parallèles et horizontales.

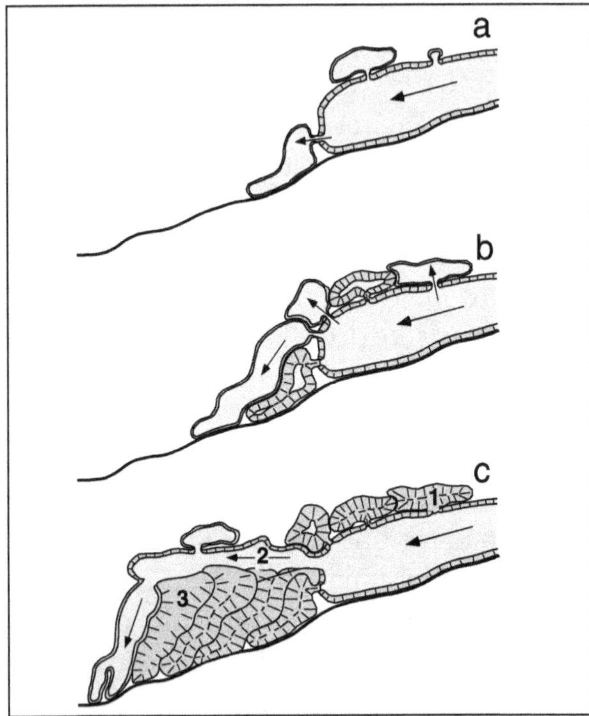

Figure 27. Progression d'un front de coulée. Les pillow lavas allongés caractérisent la progression d'une coulée sur une pente forte (d'après Ballard et Moore, 1977).
a) L'arrêt de la progression d'un pillow lava sur une pente entraîne une inflation et la rupture de l'enveloppe en amont.
b) Il se forme un nouveau pillow qui enveloppe le précédent et qui poursuit sa progression jusqu'à un nouvel arrêt.
c) La coulée se décompose en une succession de pillow ronds en surface (1), d'un tube principal à travers lequel la lave circule (2), et de pillow lavas allongés, très fortement inclinés (3).

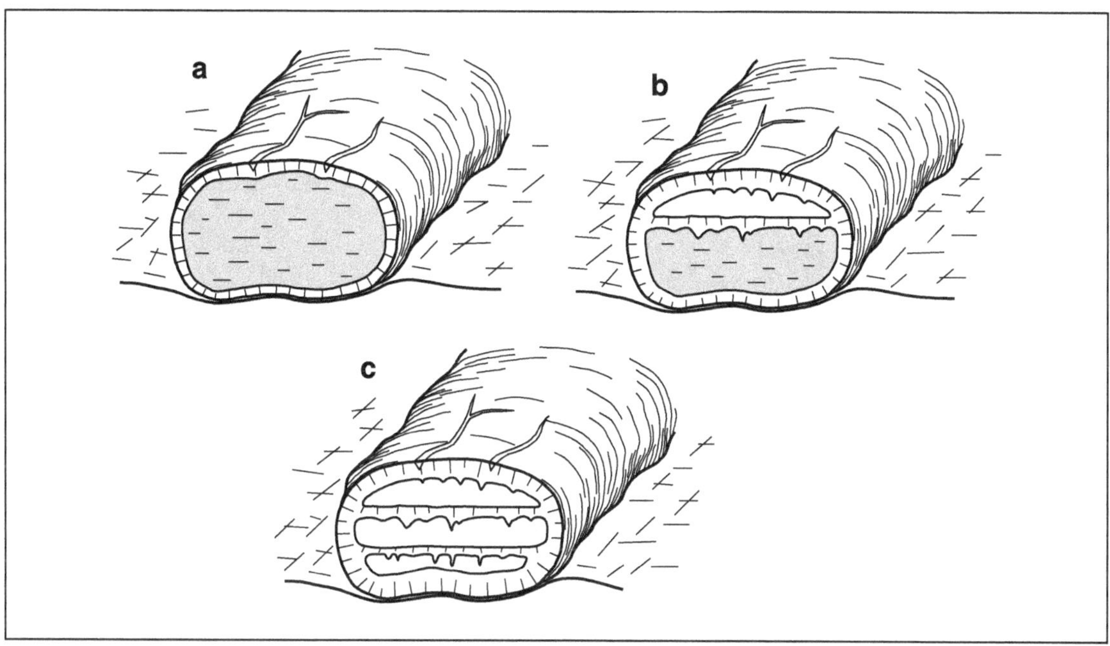

Figure 28. Vidange d'un pillow lava. La vidange d'un pillow lava peut entraîner la formation de strates (d'après Ballard et Moore, 1977). **a)** Le pillow lava forme un tube au travers duquel s'écoule la lave.
b) La diminution de l'alimentation en lave produit une baisse du niveau dans le pillow. De l'eau peut s'immiscer par les fissures de la croûte et ainsi figer la surface de la lave encore liquide.
c) L'alimentation en amont est complètement coupée, restent les différentes strates, témoins de la baisse progressive du niveau de la lave dans le tube.

Photo 70A (© Ifremer-*Cyana*/Campagne *Teahitia II* 1989) **et photo 70B** (© N. Binard/ université de Kiel, Allemagne).
A) Teahitia, plongée 19, profondeur 2 703 m. Sur le flanc du volcan Teahitia, les tubes de pillow lavas se cassent et laissent apparaître une surface radiale.
B) Bounty, échantillon dragué par 1859-1609 m de profondeur. La vue en coupe d'un pillow lava prélevé (échantillon SO65/51DS) sur le volcan Bounty montre une enveloppe vitreuse sombre créée lors du refroidissement rapide de sa surface. La partie interne, microlitique, développe tout un système de fractures radiales. La surface vitreuse présente un aspect strié, attribué à l'étirement de la lave encore fluide, juste avant qu'elle ne se fige. Cet aspect est aussi dû en partie à de très nombreuses vésicules allongées venant percer à la surface.

Photo 71 (© Ifremer-*Cyana*/Campagne *Teahitia II* 1989). **Teahitia, plongée 07, prise de vue n° 496, profondeur 2 226 m.** La forme sphérique est la plus représentative d'un pillow lava. La croissance de ce dernier laisse des cicatrices superficielles sous forme de craquelures parallèles. Celles-ci se créent perpendiculairement à la direction d'expansion du pillow lava. Ici, la teinte noire du verre volcanique constituant l'enveloppe externe est masquée par la présence de produits hydrothermaux.

Photo 72 (© Ifremer-*Cyana*/Campagne *Teahitia II* 1989). **Teahitia, plongée 09, prise de vue n° 332, profondeur 2 640 m.** Au moment de sa formation, l'enveloppe vitreuse d'un pillow lava est épaisse de quelques centimètres. Très fragile, elle se fracture sous l'effet de la pression et se soulève, poussée par la lave sous-jacente. Il se forme alors une extrusion localisée nommée *trapdoor*. Les stries parallèles sont les empreintes laissées par la bordure circulaire de l'enveloppe vitreuse sur la lave au moment de son extrusion. La teinte jaune est due au dépôt d'hydroxydes de fer et de silice.

Photo 73 (© Ifremer-*Cyana*/Campagne *Teahitia II* 1989). **Teahitia, plongée 12, prise de vue n° 398, profondeur 1 766 m.** Plutôt que de progresser vers l'aval, l'extrémité de ce tube de lave s'est brusquement scindé par le milieu, poursuivant sa croissance dans le sens vertical. Le phénomène de *trapdoor* ne se limite pas nécessairement à une petite surface, mais peut, dans certains cas, affecter un pillow lava allongé sur une partie de sa longueur. La teinte jaune du pillow est due au dépôt d'hydroxydes de fer et de silice d'origine hydrothermale.

Ponces et laves visqueuses

La morphologie superficielle d'une coulée sous-marine est intimement liée, comme dans le milieu aérien, à la composition chimique de la lave émise. Dans son immense majorité, le volcanisme intraplaque est de nature basaltique, ce qui fait que l'on retrouve systématiquement les mêmes morphologies de coulée d'un édifice à l'autre, d'un point chaud à l'autre. Cependant, certaines éruptions libèrent des laves plus riches en silice que les basaltes. Ces laves ont une viscosité plus forte, ce qui entraîne des changements dans les modalités de mise en place et dans la morphologie des coulées.

Le volcan Cyana, appartenant au point chaud de la Société, est en partie recouvert de laves de nature trachytique, formant des pillow lavas dont les dimensions moyennes sont très nettement supérieures à celles des pillow lavas basaltiques. Les tubes de lave, très aplatis, forment des pentes peu inclinées (photo 75). Leur surface est marquée de larges et profondes stries, alors que l'enveloppe vitreuse est parfois épaisse de plusieurs centimètres.

Un autre type d'effusion sous-marine de laves visqueuses fut observée sur le volcan Turoi. Ce dernier est en partie recouvert de blocs de ponce aplatis, formant une chape découpée par les bordures du cratère sommital sur une dizaine de mètres d'épaisseur (photo 76). Chaque bloc présente une bordure vitreuse figée et fracturée, donnant à la surface un aspect craquelé, ainsi qu'une partie centrale dont la très haute teneur en vésicules confère une texture ponceuse (photo 77). Ces blocs ont des caractéristiques morphologiques en tout point

Photo 74 (© Ifremer-*Cyana*/Campagne *Teahitia II* 1989). **Teahitia, plongée 09, prise de vue n° 302, profondeur 2 619 m.** Rarement observées, des cheminées de verre volcanique prennent place à la surface des coulées. D'une hauteur ne dépassant pas un mètre et avec des parois d'une épaisseur inférieure au centimètre, ces structures sont extrêmement fragiles. Leur formation est vraisemblablement liée au dégagement rapide de fluides chauds, entraînant des lambeaux de lave qui se figent instantanément au contact de l'eau de mer.

Photo 75 (© Ifremer-*Cyana*/Campagne *Teahitia II* 1989). **Rocard, Teahitia, plongée 21, prise de vue n° 319, profondeur 2 754 m.** Sur le volcan Rocard, les coulées de lave de composition trachytique sont caractérisées par des pillow lavas allongés et sphériques, d'un diamètre supérieur à ceux des laves basaltiques. Leur degré d'aplatissement est plus important, donnant parfois l'illusion de laves lobées. Ces pillow lavas sont aussi marqués de profondes et très grossières stries. La teinte sombre est ici due à un dépôt d'oxydes de manganèse.

comparables à celles des bombes dites en « croûte de pain », typiques des éruptions vulcaniennes (du volcan Vulcano dans les îles Éoliennes, en Italie). Si l'on compare cette éruption sous-marine à une éruption vulcanienne, la mise en place de la coulée, contrôlée par un important volume de gaz, a dû s'effectuer très rapidement. Le rôle prépondérant des gaz au cours de l'épanchement de la lave est suggéré par l'aspect de la surface, résultat de la fracturation de la bordure, figée par gonflement du bloc sous l'effet de l'expansion des gaz qu'il contient.

Photo 76 (© Ifremer-*Cyana*/Campagne *Teahitia II* 1989). **Turoi, Teahitia, plongée 03, prise de vue n° 166, profondeur 2 247 m.** La bordure d'un cratère d'effondrement, situé au sommet du volcan Turoi (point chaud de la Société), laisse apparaître la structure stratifiée d'une nappe de ponces dont l'édifice est presque recouvert en totalité. Cette nappe est constituée par l'empilement de blocs, aplatis et disjoints, dont les craquelures de la surface ainsi que le cœur ponceux ne sont pas sans rappeler l'aspect des bombes aériennes dites en « croûte de pain ».

Photo 77 (© Ifremer-*Cyana*/Campagne *Teahitia II* 1989). **Turoi, Teahitia, plongée 03, prise de vue n° 03, profondeur 2 584 m.** Ce bloc de lave, de composition trachytique, est l'un de ceux qui constituent la nappe de ponce recouvrant le sommet du volcan Turoi. La surface en croûte de pain est obtenue par l'action simultanée d'une trempe superficielle et d'une fracturation du bloc par accroissement de son volume, après formation de son enveloppe vitreuse. L'origine de cet accroissement de volume est due à l'exsolution, au moment de l'éruption, des gaz contenus dans le magma.

Les hyaloclastites

Depuis les hauteurs des chaînes montagneuses jusqu'aux grands fonds marins en passant par les glaces islandaises et les plages hawaiiennes, il existe un sable volcanique noir, parfois teinté de jaune, qui témoigne de la rencontre mouvementée de l'eau et du feu. Sujet de controverse pendant bien longtemps, l'origine des hyaloclastites fut largement documentée grâce à l'exploration des océans et à l'observation des éruptions sous-marines au cours des dernières décennies.

Du grec *hualos,* qui veut dire verre, et *klastos,* signifiant brisé, les hyaloclastites sont des particules de verre volcanique issues de la fragmentation fine, ou desquamation, de l'enveloppe vitreuse d'une lave, à la suite de son refroidissement rapide par effet de trempe au contact de l'eau (figure 29). On trouve les hyaloclastites dans une multitude de provinces volcaniques, tant dans le domaine aérien que dans celui sous-marin (photo 78).

Quel que soit le lieu de l'éruption, la formation des hyaloclastites est conditionnée par la présence d'eau. Ainsi les éruptions aériennes à caractère explosif peuvent donner lieu à leur formation. Il s'agit alors d'éruptions hydromagmatiques. Les particules de lave projetées en l'air en même temps que la vapeur d'eau subissent une trempe pendant leur parcours. Elles retombent ensuite pour former des accumulations stratifiées de cendres vitreuses dont l'altération conduit à la formation d'un verre de couleur jaune appelé « palagonite ».

Cependant, la formation des hyaloclastites est plus généralement liée aux éruptions à caractère effusif. Dans le domaine aérien, la mise en place d'une coulée

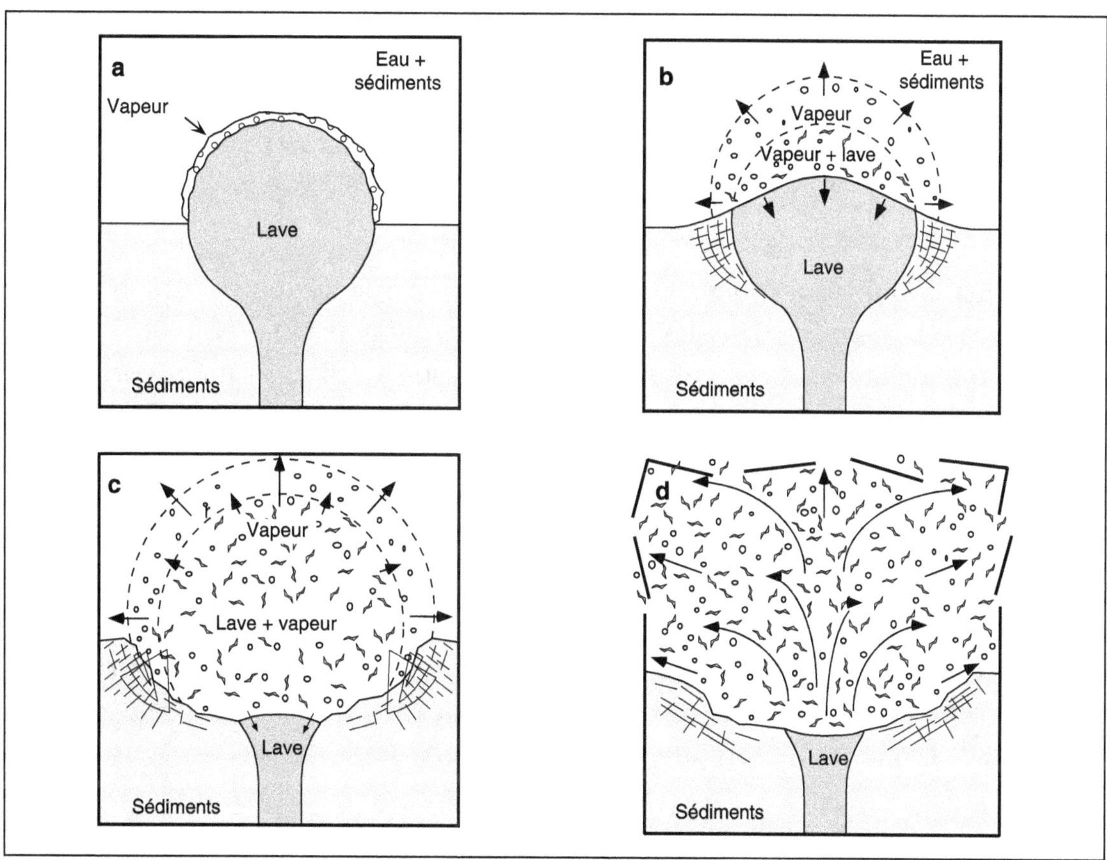

Figure 29. Formation des hyaloclastites. Représentation schématique du processus de formation des hyaloclastites lors des échanges thermiques entre la lave et l'eau (d'après Sheridan et Wohletz, 1983). Le processus se divise en 4 étapes : **a)** établissement du contact eau/lave ; **b)** formation d'une enveloppe de vapeur soumise à un phénomène de pulsation, avec début de dispersion de la couche de lave superficielle ; **c)** interaction eau/lave/vapeur par mélange ; **d)** explosion, fragmentation, trempe de la lave et formation de hyaloclastites.

sous une faible tranche d'eau, une rivière ou un lac par exemple, ou bien encore sous la glace, provoquera la formation de pillow lavas et d'une grande quantité de hyaloclastites. Au contraire, le volcanisme des grands fonds produit un volume comparativement beaucoup plus faible de hyaloclastites par rapport à celui des pillow lavas. La différence est à rechercher dans l'intensité des échanges thermiques et dans le volume de vapeur d'eau et de gaz magmatique généré à faible profondeur, donnant lieu à une desquamation extrême de la surface des coulées. Par ce biais, le phénomène de trempe affecte une surface toujours renouvelée jusqu'à la totale fragmentation de la coulée.

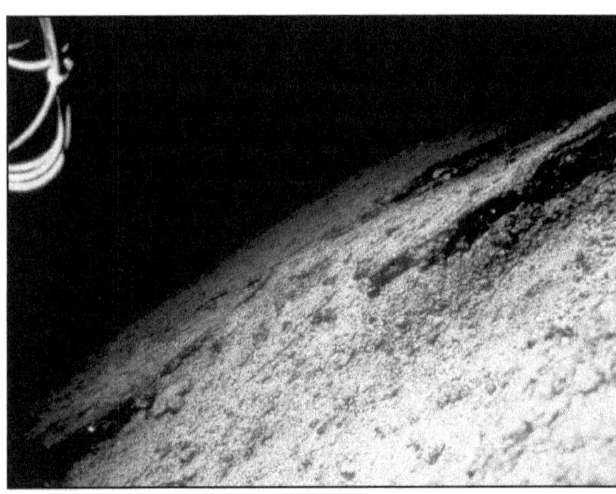

Photo 78 (© Ifremer-*Cyana*/Campagne *Teahitia II* 1989). **Cyana, Teahitia, plongée 22, prise de vue n° 429, profondeur 1927 m.** Les hyaloclastites forment une sorte de sable noir qui contraste avec le jaune des produits hydrothermaux. Issues de la desquamation de la surface vitreuse des coulées sous-marines, les hyaloclastites sont des particules millimétriques facilement mises en suspension. Mobilisées, transportées et déposées par les courants, elles viennent se concentrer dans les dépressions du relief volcanique.

Les magmas intraplaques sont très riches en gaz. Ceci se traduit par une très forte abondance de vésicules dans les laves, qui atteignent parfois plus de 70 % du volume total de la bordure vitreuse. Les hyaloclastites qui se forment correspondent alors davantage aux fragments des enveloppes sphériques des vésicules dont les parois internes concaves forment la surface des échardes de verre (photo 79). La présence des vésicules dans les laves intraplaques rend la surface des coulées très friable, favorisant ainsi la formation des hyaloclastites qui s'accumulent et qui forment des couches indurées (photos 79 et 80). On trouve en effet proportionnellement plus de hyaloclastites dans le domaine intraplaque qu'au niveau des axes des dorsales où les magmas sont très peu riches en gaz. Sous le grossissement du microscope, on observe la présence de cristaux d'olivine qui ont été libérés de la lave lors de la fragmentation de l'enveloppe vitreuse.

Explosion volcanique sous-marine

La preuve d'explosions sous-marines a été démontrée lors des plongées du *Nautile* de la campagne *Oceanaut* (1995), suite à la découverte de dépôts pyroclastiques associés à des hyaloclastites à plus de 1 500 m de profondeur sur un édifice volcanique situé dans l'axe de la vallée du rift de la dorsale médio-Atlantique à 34° 50' N

Photo 79 (© Ifremer-*Cyana*/Campagne *Teahitia II* 1989). **Cyana, Teahitia, plongée 25, prise de vue n° 276, profondeur 1 637 m.** Les hyaloclastites sont rapidement transportées par les courants marins dans des zones calmes où elles se sédimentent, formant des dépôts le plus souvent stratiformes. Avec les hyaloclastites, circulent aussi des hydroxydes de fer d'origine hydrothermale qui vont, au cours du temps, avoir tendance à se durcir sous l'effet de transformations chimiques, entraînant alors la formation de croûtes indurées de hyaloclastites.

Photo 80 (© Ifremer-*Cyana*/Campagne *Teahitia II* 1989). **Teahitia, plongée 07, prise de vue n° 06, profondeur 2 375 m.** La stratification des hyaloclastites est visible grâce à l'effondrement d'une partie de la formation. La stratification est due aux échardes de verre volcanique qui acquièrent des formes allongées au moment de leur formation.

(photos 81A, 81B et 81C). Le segment de la dorsale médio-Atlantique à 34° 50' N a un taux d'expansion lent (moins de 2 cm par an). Les rides dites lentes sont caractérisées par des vallées axiales plus importantes que les rides dites rapides. Dans ces vallées axiales, la construction d'édifices volcaniques se fait par des remontées magmatiques localisées et puntiformes. L'apparition d'édifices volcaniques bien individualisés est liée à un magmatisme relativement restreint, si on le compare aux éruptions de nature fissurale qui s'étendent en longueur et de manière plus continue au niveau des segments des dorsales rapides. Alors que les dorsales rapides sont caractérisées par des éruptions fissurales plus fréquentes de lave fluide (coulées lobées et plates), les dorsales lentes sont plutôt assujetties à des éruptions moins fréquentes, déversant des coulées plus visqueuses à moindre débit (pillow lava). C'est ainsi que des coulées pyroclastiques faites de débris de roches fragmentées sont souvent observées le long de la dorsale médio-Atlantique au niveau d'édifices volcaniques profonds.

L'axe d'accrétion (rift) d'une dorsale lente montre plusieurs stades d'évolution bien marqués. Il commence par des éruptions fissurales qui se propagent sur plusieurs kilomètres le long de l'axe avec épanchement de lave très fluide, une dynamique éruptive comparable à celle des dorsales rapides. Mais, très vite, ces éruptions se focalisent autour de conduits centraux car la fissuration de la croûte

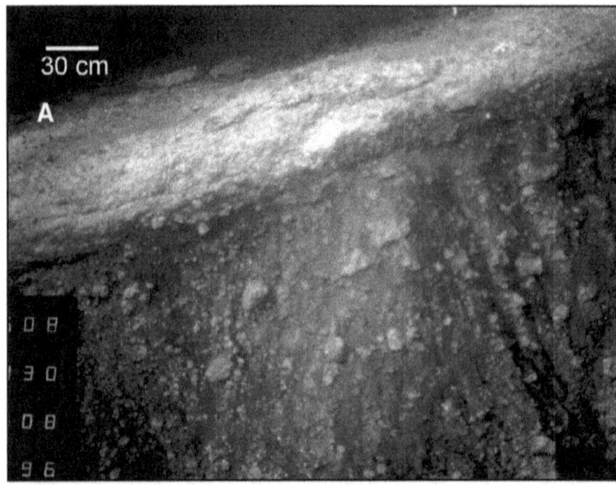

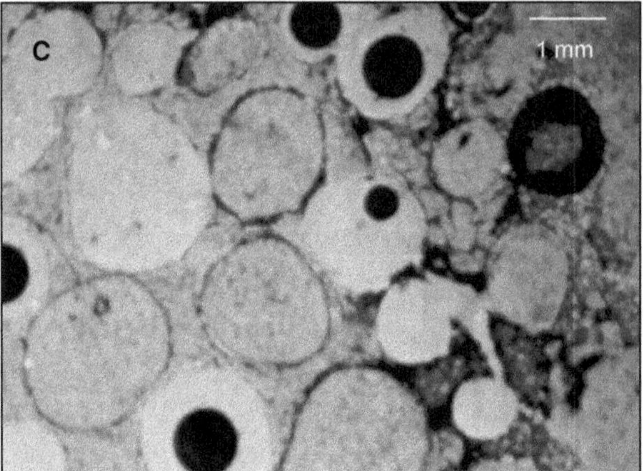

Photo 81A (© Ifremer-*Nautile*/Campagne *Oceanaut* 1995) **et photos 81B et 81C** (© Ifremer/D. Bideau). **Dorsale médio-Atlantique, plongée 03.**
A) Dépôts pyroclastiques de nature explosive formant le bord d'un cratère volcanique par 1 600 m de profondeur au niveau de la dorsale médio-Atlantique 35° 50' N (Bideau *et al.*, 1998). Le dépôt pyroclastique de plus de 15 m d'épaisseur se trouve au bord du cratère d'un cône volcanique, situé à 1 596 m de profondeur dans la vallée du rift de la dorsale médio-Atlantique à 34° 50' N.
B) L' échantillon (OT03-09) prélevé ressemble à de la scorie extrêmement vésiculaire (bulles de gaz) et provient de la formation du dépôt pyroclastique (cf. photo 81A).
C) Un fragment d'échantillon de produit pyroclastique formé de verre volcanique est visible sous le grossissement d'un microscope avec un agrandissement de 60 fois. L'échantillon est formé de verre volcanique contenant des bulles vidées de leurs gaz lors de l'éruption.

océanique est rapidement colmatée par la tectonique. Les écoulements de laves lobées et plates sont suivis par d'importantes coulées de lave plus visqueuses, générant des pillow lavas. Ce sont ces pillow qui seront en grande partie responsable de la mise en place d'édifices circulaires formant des rides, telle la ride médiane de la vallée du rift près de 34° 50' N. Les magmas enrichis en éléments volatiles (comme ceux des points chauds) seront à l'origine de la formation de bulles de gaz dont l'expansion engendrera des explosions volcaniques localisées (figure 30, cf. photo 81C).

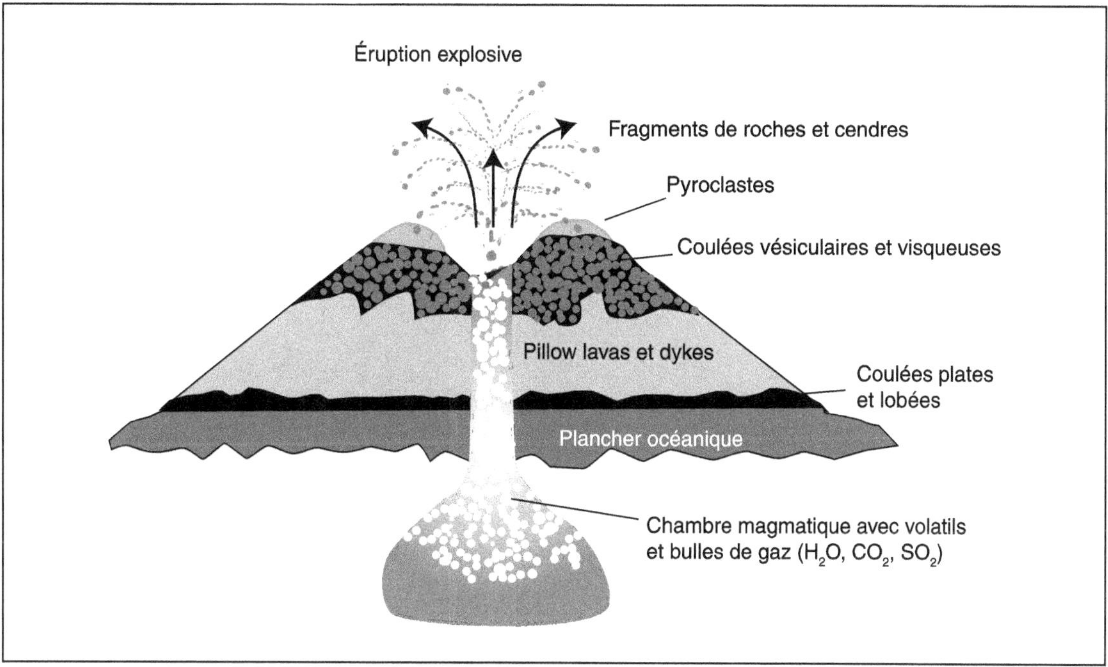

Figure 30. Modèle d'explosion volcanique sous-marine. Les volatils, tels que l'H_2O, le CO_2, les acides sulfurique (H_2S) et fluorhydrique (HF), ainsi que les volatils contenus dans les magmas et dans l'eau de mer piégée produisent des bulles de gaz. C'est leur expansion qui engendre l'explosion volcanique. Lors de l'éruption, ces volatils se mélangent avec les fragments de roches broyées et forment des dépôts pyroclastiques. Le terme « pyroclastique » vient du grec *pyro* qui signifie feu, et de *clastic* qui signifie fragment.

Le volcan sous-marin intraplaque

Sous la silhouette d'une île perdue au milieu de l'océan, se cache toute l'histoire de la croissance d'un appareil volcanique aux dimensions impressionnantes, prenant naissance à des milliers de mètres sous la surface de l'eau, l'aboutissement d'une succession bien établie de différents stades d'édification. Observer un groupe de volcans sous-marins de dimensions variées, c'est comme ausculter dans le temps un édifice à chaque étape de sa croissance.

Il est généralement admis que la mise en place et le stockage du magma dans la lithosphère océanique s'établissent sous la forme d'un conduit magmatique principal et de réservoirs intermédiaires dont les dimensions sont assez mal connues. Le volume de magma qui ne peut être stocké forme un excédent qui s'épanche en surface, donnant ainsi naissance au volcanisme de point chaud. Ceci se traduit par l'édification de volcans dont le fonctionnement est dit centré, c'est-à-dire que toute l'activité volcanique est contrôlée par un conduit éruptif central au travers duquel le magma profond transite et séjourne, avant de s'épancher sur les flancs lors d'éruptions latérales. Le fonctionnement centré s'illustre par la morphologie en étoile des volcans intraplaques sous-marins (cf. figure 25B et figure 31).

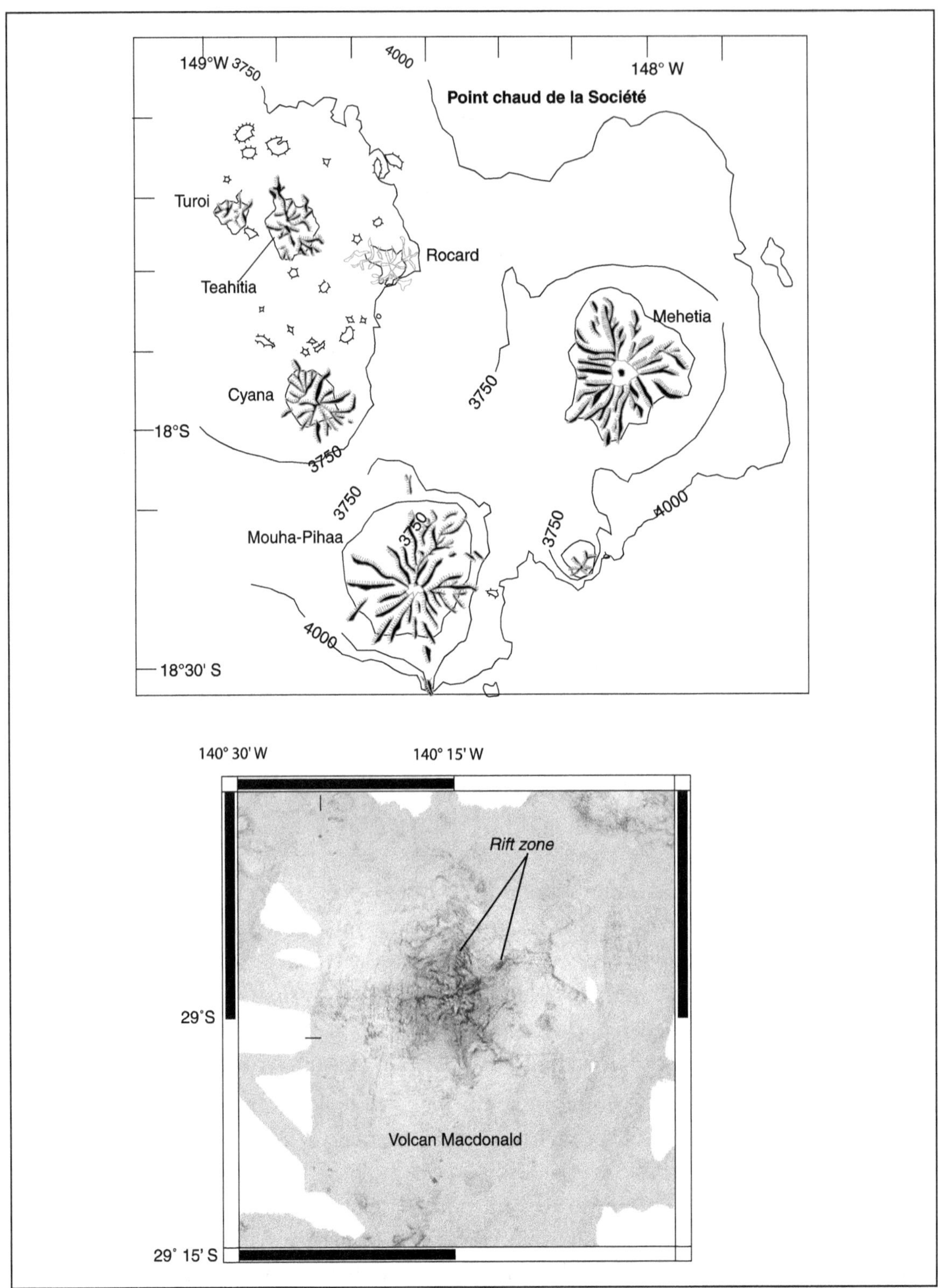

Figure 31. Morphologie des volcans intraplaques. Les cartes bathymétriques des volcans Teahitia et Macdonald illustrent l'évolution morphologique subie par les édifices intraplaques sous-marins au cours de leur croissance. Concentrées dans une zone de quelques 20 km de diamètre, les éruptions successives provoquent l'empilement de cônes volcaniques qui finiront par constituer un volcan en étoile. Ce dernier possède une cheminée centrale autour de laquelle s'organisent des axes éruptifs appelés « rift zones ».

Les premières manifestations éruptives, à l'origine de l'édification d'un grand volcan intraplaque, vont être dispersées sur le plancher océanique dans une zone de l'ordre de 10-15 km de diamètre. Ces manifestations se traduisent par des accumulations de cônes et de rides volcaniques, à l'image des volcans Teahitia ou Rocard. Déjà à ce niveau d'édification, une organisation des lignes éruptives se dessine, embryon de futures zones de rifts *(rift zones)*. L'accroissement du volume des laves émises s'accompagne de la mise en place de poches magmatiques, qui deviendront par la suite des réservoirs, et d'un conduit principal entouré d'axes éruptifs radiaux. Ceci aboutit à l'instauration du régime volcanique de type centré, illustré par les monts Moua Pihaa, Mehetia et Macdonald.

Les observations faites par le submersible *Cyana*, sur les volcans sous-marins des points chauds de la Société et des Australes, ont révélé l'extraordinaire diversité des morphologies des coulées et des formations volcaniques (figure 32). Ainsi la base du volcan Teahitia est occupée par des champs de laves plates dont la surface lisse et bombée est similaire à celles qui sont observées sur les lacs de lave refroidis du domaine aérien. Les zones de rift sont, quant à elles, constitués par l'empilement de pillow lavas dont les cylindres couvrent des pentes supérieures à 60° d'inclinaison. Avec la diminution de la profondeur, les éruptions effusives font progressivement place aux éruptions explosives. Il s'opère alors un total bouleversement de la structure de l'appareil volcanique avec l'apparition de formations bréchiques particulièrement instables. Des pans entiers de volcans vont alors être soumis à des glissements gravitaires, facilités par les surfaces lisses, planes et inclinées de murs de magma solidifié appelés dykes.

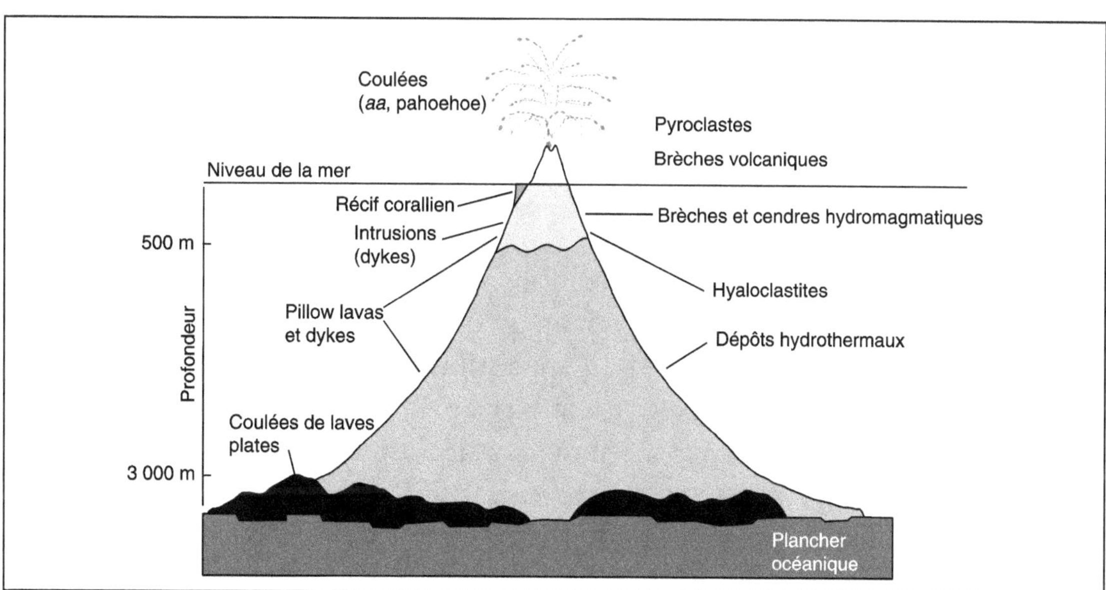

Figure 32. Le volcan intraplaque. Les observations effectuées sur les volcans intraplaques ont montré qu'il existait un grand nombre de formations liées à des styles différents d'activité volcanique. La base des édifices semble être le siège de grands épanchements de lave sur la surface plane du plancher océanique : ce sont des laves lobées et drapées. Par contre, à moins de 500 m de profondeur, prennent place des formations pyroclastiques engendrées par l'activité explosive due aux gaz éruptifs.

La morphologie en étoile

Les volcans sous-marins, issus des points chauds dans le domaine océanique, montrent une morphologie en étoile très particulière (cf. figures 25B et 31). Les branches formant cette étoile sont des éperons ayant une orientation radiale par rapport à l'axe central du volcan. Elles sont le résultat de l'accumulation de lave le long d'axes éruptifs préférentiels, appelés des zones de rifts (ou *rift zones*), par analogie avec l'île d'Hawaii.

L'activité d'un volcan peut se décomposer en une succession d'inflations et de déflations dues, respectivement, à l'intrusion de magma à l'intérieur de l'appareil et à l'extrusion de lave au moment d'une éruption. L'inflation entraîne une distension et une fracturation des flancs du volcan, permettant au magma de se frayer un chemin vers la surface. La fracturation va s'effectuer préférentiellement dans les zones les plus fragiles. Il s'ensuit que l'activité distensive et l'extrusion de lave s'effectuent pratiquement toujours le long des mêmes axes, matérialisés par les zones de rifts.

La création des zones de rifts et en particulier leur orientation se trouvent conditionnées avant même l'édification d'un volcan. En effet, la lithosphère océanique est affectée par de très nombreuses discontinuités structurales héritées de sa création au niveau de la dorsale. Réchauffée par l'anomalie thermique issue d'un panache, la lithosphère subit un amincissement et un bombement qui provoquent son étirement. Cette déformation entraîne l'activation des discontinuités, qui sont autant de lignes de faiblesse par lesquelles le magma profond peut circuler. Les premières manifestations volcaniques en surface, auxquelles les zones de rifts vont se surimposer, s'organisent alors selon les orientations prédéfinies par la structure de la lithosphère océanique.

La fracturation des volcans

Les coulées de laves sont les manifestations superficielles de tout un processus de génération et d'ascension du magma, depuis les zones lithosphériques profondes jusqu'à la surface. Ainsi l'apparition d'une zone de point chaud ou d'un simple épanchement de lave à la surface d'une plaque océanique résulte de la fragilisation de celle-ci par le jeu de fractures ou de discontinuités structurales dans lesquelles le magma s'injecte et transite vers le haut. Sans les forces tectoniques en distension entraînant la fracturation de la roche encaissante, il n'y aurait pas d'extrusion de lave. Ce phénomène de fracturation, nécessaire au fonctionnement des volcans, laisse des traces sur les flancs des édifices sous-marins actuellement en activité. En effet, le démantèlement efface très rapidement les failles et fractures ; elles ne sont visibles que sur les systèmes tectoniques et/ou volcaniques actifs.

De nombreuses fissures qui parcourent les zones de rifts d'édifices intraplaques sont toutes orientées parallèlement à ces zones. Ces fissures sont le reflet de tension mécanique à l'intérieur du volcan. Leurs bordures s'éloignent de quelques mètres seulement, mais ne subissent aucun décalage vertical ou horizontal (photos 82 et 83). Ce type de fissures de tension est appelé « gjà », par analogie avec celles qui parcourent, en Islande, l'axe de la dorsale Atlantique.

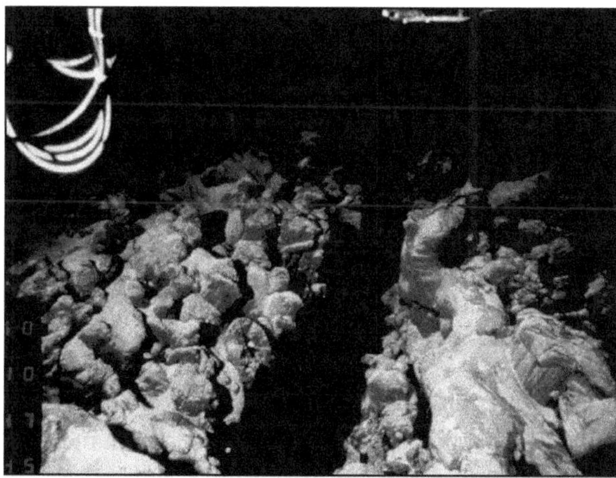

Photo 82 (© Ifremer-*Cyana*/Campagne *Teahitia II* 1989). **Teahitia, plongée 07, prise de vue n° 050, profondeur 2 906 m.** De très nombreuses fissures affectent les flancs des édifices sous-marins. Leurs orientations sont généralement radiales au volcan. Larges de quelques mètres seulement, ces fissures sont peu profondes en raison des éboulis qui les remplissent. Les bords ne montrent aucun déplacement vertical ou latéral. Il s'agit de fissures de tension, similaires à celles qui sont observées en Islande et qui sont nommées « gjàs ».

Photo 83 (© Ifremer-*Cyana*/Campagne *Teahitia II* 1989). **Teahitia, plongée 12, prise de vue n° 143, profondeur 2 224 m.** Les fissures de tension, ou gjàs, découpent les coulées, laissant apparaître sur leurs parois verticales l'empilement des pillow lavas. Elles représentent une des manifestations tectoniques du volcan. C'est à travers de telles fissures que le magma se fraie un passage vers la surface. Nécessaires à l'édification du volcan en permettant l'intrusion du magma, elles participent aussi à sa fragilisation et donc à son érosion superficielle.

L'origine de ces gjàs est à rechercher dans l'intrusion du magma à l'intérieur des édifices volcaniques. Préalablement à toute éruption, un volcan se comporte comme un réservoir qui se remplit de magma avant de le libérer. L'intrusion de volumes magmatiques, parfois très importants, entraîne le gonflement de la structure qui se fracture. Il se crée alors tout un système de fissures de tension qui seront autant de conduits permettant au magma de gagner la surface. Les fissures seront scellées par le magma solidifié, formant ainsi un dyke ; celles laissées vides seront très vite rebouchées, soit par des débris rocheux issus de l'effondrement des bordures, soit par une coulée postérieure.

L'hydrothermalisme de basse température

L'émanation de fluides hydrothermaux par des volcans sous-marins est le signe indiscutable qu'ils sont actuellement en activité, et que les dernières éruptions furent peut-être même historiques. Une activité hydrothermale importante fut observée sur deux des quatre cônes sommitaux du volcan Teahitia, appartenant au point chaud de la Société. Là, des bouches hydrothermales actives furent découvertes, qui libéraient des fluides incolores à une température de 30 °C environ (photo 84) et qui étaient associées à des dépôts pulvérulents de couleur jaune, constitués principalement de goethite et d'hydroxydes amorphes de fer, ainsi que de silicium et de manganèse. L'ensemble forme une couverture de produits pulvérulents de couleur jaune-blanchâtre dont l'épaisseur qui peut être estimée à plusieurs mètres, voire dizaines de mètres dans certains cas, est surmontée d'un champ de cheminées hydrothermales ne dépassant pas, quant à elles, quelques mètres de hauteur du fait de leur extrême fragilité (photo 85).

La plupart des autres édifices des deux points chauds visités possèdent aussi des traces d'hydrothermalisme, avec le même type de dépôts d'hydroxydes de fer et de couleur jaune (photo 86). Ils se concentrent alors autour des cavités qui se forment entre les pillow lavas. Dans les parties sommitales des plus grands édifices, les produits hydrothermaux se déposent directement à l'intérieur des formations bréchiques et cendreuses, par percolation et refroidissement des fluides. Il existe cependant des traces d'émanations hydrothermales en surface, soulignées par des dépôts d'hydroxydes de fer le long d'un réseau polygonal de craquelures (photo 87).

Des oxydes de manganèse trouvent aussi leur origine dans l'hydrothermalisme des volcans. Ils forment une pellicule sombre millimétrique qui recouvre les laves et qui se mélange avec les sédiments. L'épaisseur des oxydes de manganèse présents sur les roches volcaniques est parfois utilisée pour apprécier les âges relatifs de diverses coulées d'un même secteur géographique.

La présence d'une telle activité hydrothermale est liée à la circulation de l'eau de mer dans les édifices. Un volcan est une construction très poreuse. En effet, il est parcouru par de très nombreuses fissures, comme le sont les axes des dorsales, et il est de plus principalement constitué de pillow lavas dont la section circulaire laisse des interstices lors de l'empilement. Réchauffés à l'intérieur de l'édifice et se chargeant de sels minéraux par lessivage des laves, les fluides viennent s'échapper au sommet ; là, la précipitation des sels au contact de l'eau de mer froide aboutit à une accumulation de produits hydrothermaux.

L'absence de sulfures polymétalliques

Il est possible de recueillir les fluides hydrothermaux libérés par les volcans à l'aide de bouteilles en titane qui minimisent la contamination chimique. Ils sont

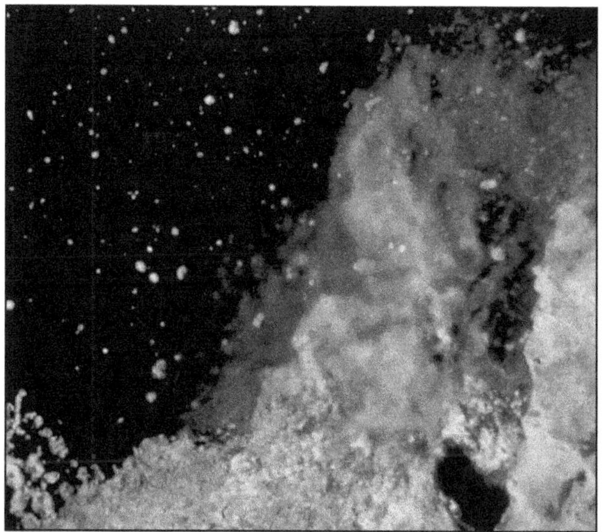

Photo 84 (© Ifremer-*Cyana*/Campagne *Teahitia II* 1989). **Teahitia, plongée 04, prise de vue n° 230, profondeur 1 453 m.** L'eau de mer s'infiltre à l'intérieur des volcans sous-marins, à travers les nombreuses anfractuosités que sont les fissures et les interstices générés par la forme arrondie des pillow lavas. Durant son parcours dans le volcan, cette eau se réchauffe et se charge en sels minéraux par lessivage des roches à haute température. Elle devient alors un fluide hydrothermal qui s'exhale principalement au sommet de l'édifice. Des émanations de fluide hydrothemaux à basse température sont observées au sommet du volcan Teahitia, situé sur le point chaud de la Société dans le Pacifique sud à 17° 30' S- 148° 35' W.

Photo 85 (© Ifremer-*Cyana*/Campagne *Teahitia II* 1989). **Teahitia, plongée 04, prise de vue n° 167, profondeur 1 456 m.** Cette bouche hydrothermale émet un fluide incolore dont la température n'excède pas 30 °C. La température de l'eau de mer est ici de l'ordre de 4 °C. Cette différence est suffisante pour permettre l'observation d'un moiré, provoqué par le mélange des deux fluides. La chute brutale de température des fluides hydrothermaux à leur sortie entraîne la précipitation d'hydroxydes de fer de couleur jaune.

aspirés à l'intérieur des bouteilles à l'aide d'un piston manipulé par le bras du sous-marin. Les fluides qui furent collectés sur le point chaud de la Société en 1988 ont montré une faible acidité (pH~5-6). Ils sont enrichis en fer, silicium, manganèse et lithium, comparativement à l'eau de mer qui en est pratiquement dépourvue. Ils possèdent aussi des teneurs en baryum et en terres rares, plus de cent fois supérieures à celles de l'eau de mer.

Aucune bouche hydrothermale constituée de sulfures polymétalliques n'a été rencontrée jusqu'à présent dans le domaine intraplaque. La précipitation des composés chimiques contenus dans les fluides provoque uniquement la formation d'oxydes et hydroxydes de fer, de silice et de manganèse. Ces produits prennent naissance dans un milieu plus oxygéné par rapport aux sulfures polymétalliques que l'on trouve sur les dorsales. Si l'on suppose que les phénomènes de lessivage des roches au niveau d'un volcan intraplaque soient comparables à ceux des dorsales océaniques, les fluides des régions intraplaques auraient subi une transformation chimique avant leur exhalaison en surface. Les fluides intra-

Photo 86 (© Ifremer-*Cyana*/Campagne *Teahitia II* 1989). **Teahitia, plongée 17, prise de vue n° 685, profondeur 1 456 m.** Les cheminées hydrothermales peuplent le sommet du volcan Teahitia. Elles présentent des formes de colonnes verticales ramifiées, hautes de plusieurs mètres, constituées par l'agglomération d'hydroxydes de fer et de silice de couleur jaune-ocre. Ces cheminées n'ont pratiquement aucune consistance, et leur édification ne peut se réaliser que si les courants marins sont très faibles, voire inexistants.

Photo 87 (© Ifremer-*Cyana*/Campagne *Teahitia II* 1989). **Teahitia, plongée 12, prise de vue n° 458, profondeur 1 593 m.** Des champs hydrothermaux recouvrent la partie sommitale du volcan Teahitia. Les émanations diffuses de fluides chauds se manifestent parfois sur de grandes surfaces. Les points de sortie des fluides ne sont alors plus ponctuels, comme pour les cheminées, mais linéaires, formant un réseau polygonal matérialisé par des crêtes faites de dépôts d'hydroxydes de fer de couleur jaune.

plaques subissent vraisemblablement un mélange avec l'eau de mer, à l'intérieur des édifices, au cours de leur ascension (figure 33). Ceci provoque une chute des températures ainsi qu'une oxygénation. Les sulfures de fer, zinc, cuivre et autres métaux précipitent donc avant même d'atteindre la surface.

Cette hypothèse est soutenue par l'existence de veines de minéralisation contenant des produits sulfurés de haute température (> 250 °C), tels que pyrite, chalcopyrite et blende, associés à des produits hydratés de basse température (les hydroxydes de fer, manganèse et silice). Ces veines centimétriques et ces veinules millimétriques qui sont observées au sein des intrusions et des coulées, sous-jacentes aux dépôts hydrothermaux, sont mises à l'affleurement à la faveur d'une fracturation tectonique ou d'éruptions hydromagmatiques. Ces observations conduisent à penser que les produits hydrothermaux de haute température, tels que les sulfures polymétalliques, sont aussi présents dans le domaine intraplaque mais qu'ils restent prisonniers à l'intérieur des édifices volcaniques. Ils doivent alors former, à diverses profondeurs, de nombreux *stockworks*.

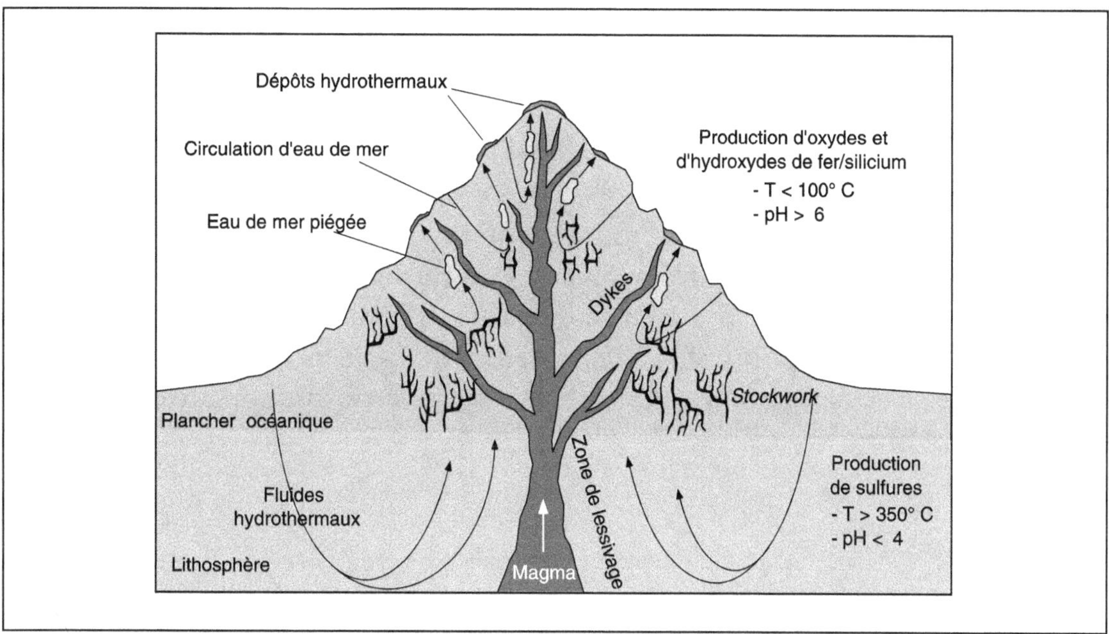

Figure 33. Hydrothermalisme des volcans intraplaques. L'eau de mer s'infiltre à travers de nombreuses fissures et failles que la poussée du magma a engendrées à l'intérieur de l'édifice volcanique. En profondeur, des échanges chimiques s'effectuent entre l'eau et les roches chaudes proches des conduits magmatiques (dykes). Les sulfures métalliques sont concentrés dans des *stockworks*, alors que les oxydes et hydroxydes de fer précipitent en surface au contact de l'eau de mer froide.

Les intrusions ou la face cachée du volcan

Un édifice volcanique, c'est une certaine quantité de lave mise en place par extrusion à la surface d'une plaque tectonique. Cependant, cette lave ne représente qu'une fraction du volume total de l'appareil. Une part importante d'un volcan est constituée par des intrusions. À chaque éruption correspondent des injections de magma dans différents niveaux de la structure volcanique. Le corps intrusif le plus important d'un volcan est représenté par un réservoir qui sert d'antichambre au magma, avant qu'il ne s'épanche. Depuis ce réservoir, le magma va progressivement remplir les fissures qui affectent la partie supérieure du volcan. La plupart d'entre elles débouchent à la surface et permettent à la lave de s'épancher. La fraction de magma restée à l'intérieur de la fissure à la fin de l'éruption va former une intrusion. Tout un réseau de corps magmatiques se crée et croît avec l'édifice. Certaines intrusions magmatiques ne donneront jamais d'éruptions superficielles : elles resteront dans l'appareil où elles se refroidiront lentement pour former des roches grenues, telles que les gabbros.

Il est très difficile d'observer les intrusions tant qu'un édifice volcanique n'a pas été soumis à un minimum d'érosion. Ainsi dans les parties basses des volcans sous-marins, situées à une grande profondeur, les intrusions sont toujours recouvertes par les coulées dont elles sont les racines. L'érosion étant quasiment absente, il est impossible de les observer. Avec l'apparition des formations bréchiques à plus faibles profondeurs, par exemple pour les volcans Moua Pihaa et Macdonald, l'érosion se fait sentir. Les intrusions sont alors mises à l'affleurement (photo 88). On peut ainsi observer les flancs des dykes, formant des parois de plus de 50 m de hauteur et présentant 60° à 80° d'inclinaison (photo 89). Ces surfaces sont de véritables plans de glissement en masse pour les formations bréchiques sommitales.

Les intrusions se caractérisent par une fracturation prismatique, perpendiculaire aux surfaces de refroidissement. Protégées d'un refroidissement rapide, certaines d'entre elles peuvent avoir des épaisseurs particulièrement faibles, de l'ordre de quelques centimètres (photo 90). Cependant, elles présentent presque toujours une bordure vitreuse, témoin d'un effet très limité de trempe au contact des roches encaissantes.

Brèches et cendres

L'observation montre que des brèches et des cendres volcaniques apparaissent dans les parties sommitales des volcans sous-marins, tels que Moua Pihaa et Macdonald, lorsque la profondeur devient inférieure à 500 m environ. Cette évolution des produits émis par le volcan s'explique par l'accroissement du volume gazeux contenu dans le magma. À plus grande profondeur, la pression hydrostatique de l'eau de mer ne permet pas aux gaz de s'exprimer. Lorsque cette pression n'est plus suffisante, l'expansion des gaz volcaniques engendre la formation de pyroclastes, c'est-à-dire de matériaux brisés et fragmentés (cf. photo 90). L'apparition de ces produits induit une transformation très importante de la structure même du volcan. Ainsi les matériaux sommitaux seront davantage sensibles au démantèlement sous l'effet des glissements gravitaires. Ils vont aussi permettre une extension beaucoup plus importante des intrusions magmatiques, en raison de leur très faible cohérence (cf. photos 88 et 89). Les brèches et les cendres illustrent l'étape de transition entre le volcanisme sous-marin profond, effusif et le volcanisme aérien, effusif et explosif.

La fragmentation des produits volcaniques n'est pas nécessairement liée à des explosions. Elle peut se produire, par exemple, lors de la mise en place d'une coulée. L'enveloppe figée de la coulée se fragmente sous l'effet de la pression interne des gaz. Une fois fragmentée, elle se détache, entraînant la formation d'une nouvelle enveloppe qui se détache à son tour. Cette sorte d'auto-bréchification de la totalité ou d'une partie de la coulée participe à l'accumulation de blocs anguleux, aux dimensions très variées, dans les parties sommitales des édifices.

L'activité explosive sous faible tranche d'eau reste cependant un facteur prépondérant dans la formation des roches pyroclastiques. Les pyroclastes peuvent être subdivisés selon différents critères, chacun étant défini par une terminologie précise. Nous signalerons ici les pyroclastes néogènes ou juvéniles, issus de l'éjection de magma primaire, et les xénolites, fragments de roche encaissante arrachés par les explosions.

Photo 88 (© N. Binard). **Macdonald, Teahitia, plongée 29, prise de vue n° 325, profondeur 105 m.** À la surface du volcan Macdonald, et par faible profondeur, le démantèlement des formations pyroclastiques met à jour les dykes qui se présentent alors sous forme de murets ne dépassant pas 2 m d'épaisseur. Une fracturation se développe perpendiculairement aux surfaces latérales de refroidissement. L'organisation des dykes est radiale autour du sommet principal du volcan.

Photo 89 (© Ifremer-*Cyana*/Campagne *Teahitia II* 1989). **Moua Pihaa, Teahitia, plongée 23, prise de vue n° 101, profondeur 744 m.** Des murs verticaux de lave massive peuvent êtres suivis sur une dénivellation de plus de 150 m dans la partie sommitale du volcan Moua Pihaa. Ils correspondent à la surface latérale d'intrusions magmatiques, ou dykes. Leur mise à l'affleurement est due à l'érosion de l'encaissant, en l'occurrence par le biais de glissements gravitaires liés à l'activité éruptive et sismique de l'édifice volcanique.

Photo 90 (© Ifremer-*Cyana*/Campagne *Teahitia II* 1989). **Moua Pihaa, Teahitia, plongée 31, prise de vue n° 502, profondeur 351 m.** Ces intrusions de lave de quelques centimètres d'épaisseur sont insérées à l'intérieur d'une formation pyroclastique partiellement indurée. La forme prismatique des intrusions, perpendiculaires aux surfaces de refroidissement, est ici bien visible. La formation pyroclastique est composée de blocs sombres de basalte, emballés dans une matrice jaunâtre de cendres fines.

L'éruption du volcan Macdonald

Le 29 mai 1967, un signal sismique qui dura plus de quatre heures et demie fut enregistré par des hydrophones situés dans le Pacifique nord. La source de ce signal, localisée aux alentours de 28° 48' S et 140° 30' W, se trouvait dans le prolongement oriental de l'archipel des îles Australes. Les géophysiciens Norris et Johnson, qui venaient d'enregistrer le signal, le décrivirent comme étant similaire à celui produit par une éruption volcanique. L'existence du mont sous-marin Macdonald venait d'être prédite. C'est en juillet 1969 que le géophysicien Rockne Johnson découvrit le mont sous-marin, par 28° 59' S et 140° 16' W, à bord d'un yacht de 12 m de long, le *Havaiki*, avec sa femme et ses quatre enfants (cf. figure 31). Le volcan fut nommé ainsi en hommage au volcanologue Gordon A. Macdonald, professeur de géologie à l'université d'Hawaii.

En janvier et février 1989, quelques 22 années après la découverte du Macdonald, une mission océanographique française fit, à bord du submersible *Cyana*, l'exploration de ce volcan dont les éruptions incessantes étaient enregistrées par le Commissariat à l'énergie atomique, grâce au réseau d'observation et de surveillance sismique de la Polynésie française. Dès la première plongée, les observations montrèrent que les flancs du mont Macdonald étaient recouverts d'une couche épaisse de cendres fines de couleur ocre (photos 91 et 92) qui ne pouvaient être confondues avec les sédiments pélagiques blanchâtres, présents sur ce type de volcan. Les plongées suivantes, menées à plus faible profondeur, s'effectuèrent dans une eau chargée de particules en suspension qui limitaient parfois la visibilité à moins de 2 m. Le périmètre actif à la surface du Macdonald fut trouvé le 26 janvier, soit une semaine après la première plongée (photos 92 et 93). Bien que le sommet principal se situe à environ 40 m sous la surface de l'océan, les émanations gazeuses qui emplissaient l'eau autour du submersible sortaient à une profondeur de 150 m sur le plateau sommital. C'est ce dégazage important qui provoquait la mise en suspension des cendres qui recouvraient les pentes du volcan à des profondeurs plus importantes.

Photo 91 (© Ifremer-*Cyana*/Campagne *Teahitia II* 1989). **Macdonald, Teahitia, plongée 29, prise de vue n° 302, profondeur 59 m.** La partie sommitale du Macdonald est recouverte de blocs anguleux, produits d'éruptions hydromagmatiques. À faibles profondeurs, les gaz volcaniques, ainsi que la vapeur d'eau issue du contact de l'eau de mer avec le magma, se libèrent. L'activité volcanique devient explosive. Au travers des cendres et des brèches, se développe une circulation hydrothermale marquée ici par des dépôts d'hydroxydes de fer.

Quelques jours plus tard, la coque du navire se mit à résonner sous les coups sourds des explosions sous-marines du Macdonald. Un bouillonnement gazeux et des cendres grises apparurent à la surface de l'eau (photos 93, 94 et 95), entraînant la mort de nombreux poissons. Le phénomène, qui ne dura que quelques heures, est un fait mineur dans l'activité du volcan. Une éruption plus importante pourrait provoquer, en quelques jours seulement, l'émersion du volcan à la surface du Pacifique.

Photo 92 (© Ifremer-*Cyana*/Campagne *Teahitia II* 1989). **Macdonald, Teahitia, plongée 28, prise de vue n° 023, profondeur 1 386 m.** L'activité éruptive de 1989 du mont Macdonald a généré une très importante quantité de cendres volcaniques de couleur jaune-ocre, présentes dans la partie sommitale de l'édifice et jusqu'à des profondeurs supérieures à 2 000 m. Elles recouvrent ici des brèches affleurant sur une encoche d'érosion dont la bordure est soulignée par une colonie de petits organismes de couleur blanche.

Photo 93 (© Ifremer-*Cyana*/Campagne *Teahitia II* 1989). **Éruption du Macdonald, Teahitia, plongée 30, prise de vue n° 613, profondeur 156 m.** En fonction de leur intensité, les émanations sous-marines de gaz volcaniques provoquent la formation de dépressions circulaires, en forme d'entonnoir, allant de quelques centimètres à quelques mètres de diamètre. Ces dépressions se creusent par mobilisation et mise en suspension des cendres fines. Un tel dégagement gazeux est l'équivalent de l'activité fumerollienne d'un volcan en domaine aérien. Une éruption de gaz, notamment des bulles de CO_2, a été observée pendant la plongée du 2 février 1989 de la soucoupe *Cyana* dans le cratère du volcan.

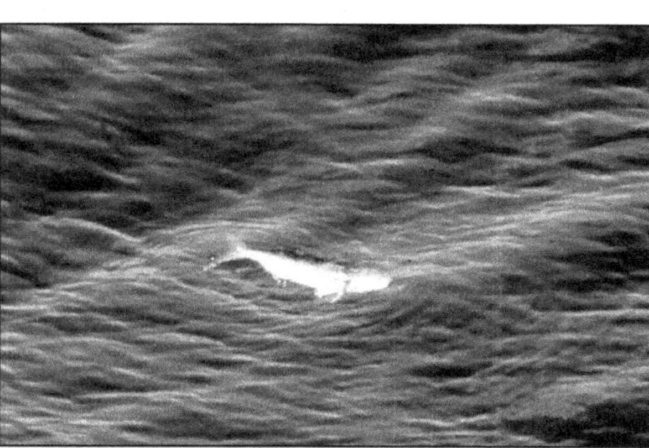

Photo 94 (© /N. Binard). **Macdonald, photographie prise à partir du navire océanographique *Le Suroit,* pendant la campagne *Teahitia II,* 1989.** Des émanations gazeuses contenant de l'eau (H_2O), dioxyde de carbone (CO_2), des acides sulfuriques (H_2S) et autres percent la surface de l'océan, située à 150 m au-dessus de la zone active du volcan Macdonald, le 2 février 1989. Les émanations de produits nocifs tels que l'acide sulfurique sont nuisibles à la vie animale.

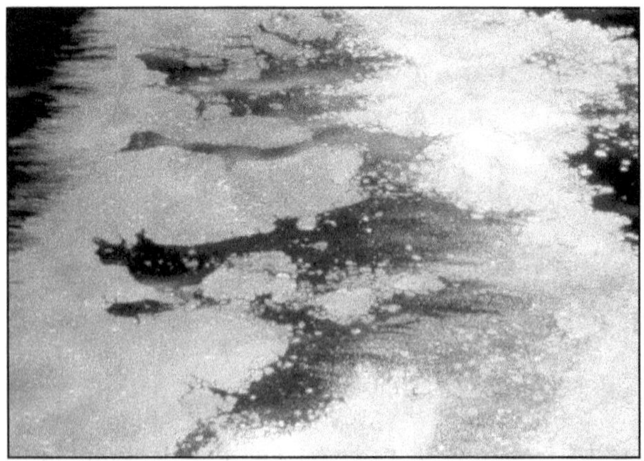

Photo 95 (© /N. Binard). **Macdonald, campagne _Teahitia II,_ 1989.** L'après-midi du 2 février 1989, une éruption du volcan Macdonald provoqua un changement soudain de la couleur de l'océan qui devint vert dans la région de la zone éruptive. Cette manifestation, qui s'accompagna de l'émanation d'hydrogène sulfuré, prit la forme d'une tache, de dimension modeste au début, qui s'étendit rapidement sous l'action des courants. Lors des éruptions sous-marines, de grosses quantités de produits sont entraînées par les émanations gazeuses vers la surface de l'océan. La majeure partie de ces produits va couler immédiatement. Seules les cendres les plus fines vont rester un temps à la surface, créant ainsi des nappes de couleur gris-blanc au sein desquelles, par agglomération, elles forment des grumeaux ressemblant à s'y méprendre à des blocs de ponce.

On sait que le plateau sommital du Macdonald est ponctué de pinacles volcaniques, d'une dizaine de mètres de hauteur. Cependant, bien que l'on ne connaisse pas avec précision les formations géologiques qui forment le plateau, rien ne laisse supposer que le mont Macdonald ait, dans le passé, émergé.

L'éruption hydromagmatique

Le volcanisme sous-marin par grande profondeur se traduit principalement par l'épanchement de coulées dont la morphologie est dépendante de paramètres, tels que la topographie préexistante, la rapidité de mise en place ou la rhéologie de la lave. Lorsque la profondeur devient inférieure à une limite estimée à 500 m environ, la pression hydrostatique n'est plus suffisante pour contenir l'expansion des gaz volcaniques. Par ailleurs, au contact du magma ou des particules de lave entraînées par les gaz éruptifs, l'eau de mer se vaporise brutalement, accroissant dans le même temps le volume gazeux et donc la puissance des explosions. Les éruptions dans lesquelles les matériaux sont tout ou partie d'origine magmatique, mais où les explosions sont en partie dues à de la vapeur d'eau secondaire, sont appelées des éruptions hydromagmatiques. En général, une fraction importante des produits émis par ces explosions provient du substratum fragmenté et pulvérisé.

Il existe toujours une participation plus ou moins importante de chacune des deux phases gazeuses dans ce type d'éruption. La puissance des explosions hydromagmatiques est en général considérable à cause du confinement des gaz à l'intérieur du volcan, lieu où se déroulent les échanges thermiques à l'origine de la vaporisation de l'eau. Des études expérimentales ont montré que la puissance d'une éruption hydromagmatique est fonction des quantités relatives d'eau et de lave : trop d'eau annihile le phénomène par absorption de l'énergie thermique, pas assez d'eau et l'éruption devient alors purement magmatique, comme les éruptions stromboliennes. Selon les conditions dans lesquelles se mélangent eau et magma, il existe un rendement optimal des échanges thermiques, conduisant à la formation d'une grande quantité de vapeur d'eau secondaire.

Mehetia

Mehetia est la plus récente île de l'archipel de la Société, et constitue la partie émergée du point chaud. Cette île, s'élevant à 435 m au-dessus du niveau de la mer, correspond à la partie sommitale d'un édifice sous-marin de plus de 4 300 m de haut. Sa forme conique est due à une activité volcanique de type strombolien (photo 96). Dépourvue d'habitants, Mehetia n'offre pas un accès facile. Seul un zodiac peut contourner les récifs, ou un hélicoptère se poser sur un promontoire plat ne dépassant pas 20 m de diamètre.

Mehetia est principalement constituée par deux groupes de formations volcaniques. Un édifice ancien, fait de niveaux pyroclastiques interstratifiés avec des coulées, forme la majeure partie de la structure de l'île. Les formations les plus récentes forment un cône strombolien surmonté d'un cratère hydromagmatique (photo 97), ainsi qu'un empilement de coulées peu épaisses qui constitue un replat au sud de l'île et qui recouvre une ancienne barrière de corail (photo 98A). Entre les deux phases éruptives principales, une période d'érosion a entraîné la destruction partielle de l'ancien édifice. Des datations au potassium-argon[2], faites sur les roches de Mehetia, suggèrent que les âges des formations volcaniques sont compris entre 25 000 et 74 000 ans.

L'émersion de Mehetia s'est accompagnée d'explosions hydromagmatiques, donnant naissance à un anneau de tuf dont le diamètre fut estimé entre 1 et 1,5 km. Seule une très faible proportion de cet anneau affleure encore sur la côte orientale. Canalisés vers la partie sommitale du volcan, les gaz magmatiques ont joué un rôle majeur dans l'édification de l'île. Ceci s'illustre par l'abondance des pyroclastes dans les formations anciennes et récentes. À son stade d'évolution, l'île semble peu affectée par des éruptions effusives d'envergure, et la morphologie générale est celle d'un cône pyroclastique et non celle d'un volcan bouclier surbaissé. Des dépôts de pyroclastes partiellement recouverts de coulées, observés par plus 2 000 m de profondeur, indiquent une activité sous-marine récente (photo 98B).

---

2. La datation K-Ar est une méthode de datation radiométrique (isotopes ^{40}K et ^{40}Ar) permettant de déterminer l'âge d'un échantillon de roche.

Photo 96 (© /N. Binard). **Mehetia, vue d'un hélicoptère, lors d'une mission (Commissariat à l'énergie atomique-université de Bretagne occidentale, Brest) à terre.**
Île la plus orientale de l'archipel de la Société, Mehetia représente la partie émergée de l'actuel point chaud. C'est en effet un des volcans aériens les plus jeunes de la chaîne, dont la dernière éruption aérienne remonte à – 25 000 ans. Avec ses 435 m de hauteur, le cône volcanique d'origine strombolienne n'est que la trace sommitale d'un édifice de 4 300 m de haut, ayant une base de plus de 35 km de diamètre.

Photo 97 (© /N. Binard). **Mehetia, vue d'un hélicoptère, lors d'une mission (Commissariat à l'énergie atomique-université de Bretagne occidentale, Brest) à terre.**
Le sommet de Mehetia est occupé par un cratère de forme elliptique de 150 m de diamètre pour 80 m de profondeur environ. La morphologie de ce cratère, en particulier les flancs internes verticaux, suggère que son creusement s'est réalisé à la suite d'explosions hydromagmatiques. L'éruption à l'origine du cratère fut vraisemblablement la dernière activité volcanique de l'île.

Le sort d'une île volcanique est lié au volume de lave et à la rapidité de mise en place des coulées. En effet, principalement constitués de cendres produites par les explosions hydromagmatiques, les anneaux de tuf sont très peu résistants à l'assaut des vagues. Une île peut ainsi disparaître, aussi rapidement qu'elle était apparue.

Pitcairn, un cratère refuge

L'île de Pitcairn (photo 99) fut découverte le 2 juillet 1767 par le capitaine Philip Cartaret, à bord du *H.M.S. Swallow*. Il trouva l'île inhabitée. Rien ne prédestinait ce promontoire volcanique à devenir célèbre. Cependant, en 1790, l'île entrait dans la légende en devenant le refuge de Christian Fletcher et de ses huit compagnons, qui n'étaient autres que les fameux révoltés de la *Bounty*. L'île était certes connue, mais une erreur dans le report de sa position sur les cartes de navigation allait la rendre introuvable pendant plus de 18 années, permettant ainsi à ces visiteurs inattendus d'échapper à la justice britannique. Leur navire, la *Bounty*, fut échoué et brûlé.

En 1808, le capitaine américain Mayhew Folger, à bord du navire *Topaz*, retrouva l'île habitée par le seul survivant des révoltés, John Adams – les autres ayant été tués dans des circonstances tragiques – ainsi que par une population polynésienne

Photo 98A (© /N. Binard) **et photo 98B**
(© Ifremer-*Cyana*/Campagne *Teahitia II* 1989).
A) Mehetia, basalte en surface, campagne
F.S. Sonne 1989 (université de Kiel, Allemagne).
Ce bloc de basalte isolé repose sur un récif de
corail qui entoure la totalité de l'île de Mehetia.
La surface de ce récif se trouve maintenant à
2 m environ au-dessus du niveau de la mer.
Les volcans intraplaques tendant à s'enfoncer
au cours de leur édification, c'est donc le
niveau de la mer qui a baissé depuis la
formation du récif dont l'âge est au moins égal
à celui de la roche qui le recouvre, soit plus de
25 000 ans.
B) Teahitia, plongée 10, profondeur 2 279 m.
Une éruption sous-marine sur le flanc sud
du volcan Mehitia est couverte par un dépôt
de hyaloclastites, formant un monticule
avec une fine pellicule de produit hydrothermal
de couleur jaunâtre. La dépression circulaire
révèle un substratum de matériel pyroclastique.

descendant de la vingtaine de Tahitiens que les révoltés avaient amené avec eux. Comme preuve de son identité, John Adams put fournir au capitaine Folger le compas et le chronomètre de la *Bounty*, objets maintenant exposés au National Maritime Museum. L'île compte aujourd'hui une population d'environ 60 habitants. Bien que Britanniques et Néo-zélandais soient venus s'installer sur l'île, il existe de nombreuses familles (Christian, Adams, Young) qui sont les descendants directs des révoltés et de leurs compagnons polynésiens.

D'un abord très difficile, l'île n'offre pratiquement aucune plage pour y débarquer (photo 100). Des parois abruptes, atteignant parfois de plus de 200 m, sont découpées dans un empilement de coulées massives qui assurent à l'île sa résistance face à l'assaut des vagues. Cependant, la morphologie de Pitcairn, en forme de croissant ouvert vers le nord-est, est celle d'un formidable cratère d'origine hydromagmatique, d'environ 3 km de diamètre. L'éruption qui forma ce cratère recouvrit la totalité de l'île de cendres fines, dans lesquelles l'érosion a modelé des falaises dépassant, en certains endroits, plus de 150 m de hauteur. La partie centrale du cratère est à présent occupée par une coulée de basaltes dont la majeure partie s'étend vers le nord, dans la mer. Son âge serait d'environ 600 000 ans (figure 34).

Photo 99 (© /N. Binard et D. Ackermand/ Campagne *F.S. Sonne* 1989). **Île de Pitcairn.** Ce rocher de 4 km de long et 2 km de large est l'île de Pitcairn qui, du haut de ses 347 m, fut le refuge pendant plus de dix-huit années de Christian Fletcher et de ses huit compagnons, plus connus sous le nom des révoltés de la *Bounty*. Cette île, aux abords très inhospitaliers, est la plus récente trace aérienne du point chaud de Pitcairn, situé 150 km plus à l'est, dont l'activité donna aussi naissance aux îles Gambier et aux atolls de Mururoa et de Fangataufa.

Photo 100 (© /N. Binard et D. Ackermand/ Campagne *F.S. Sonne* 1989). Le profil de la côte N-NE de l'île de Pitcairn montre une terre hostile dont la surface volcanique très tourmentée offre peu d'étendues planes ou encore de havres où peuvent accoster les navires au mouillage. L'île est un rocher de quelques 10 km² de superficie, aux parois abruptes, perdu au beau milieu de l'océan Pacifique, balayé par des vents violents et de fréquentes tempêtes à ces latitudes.

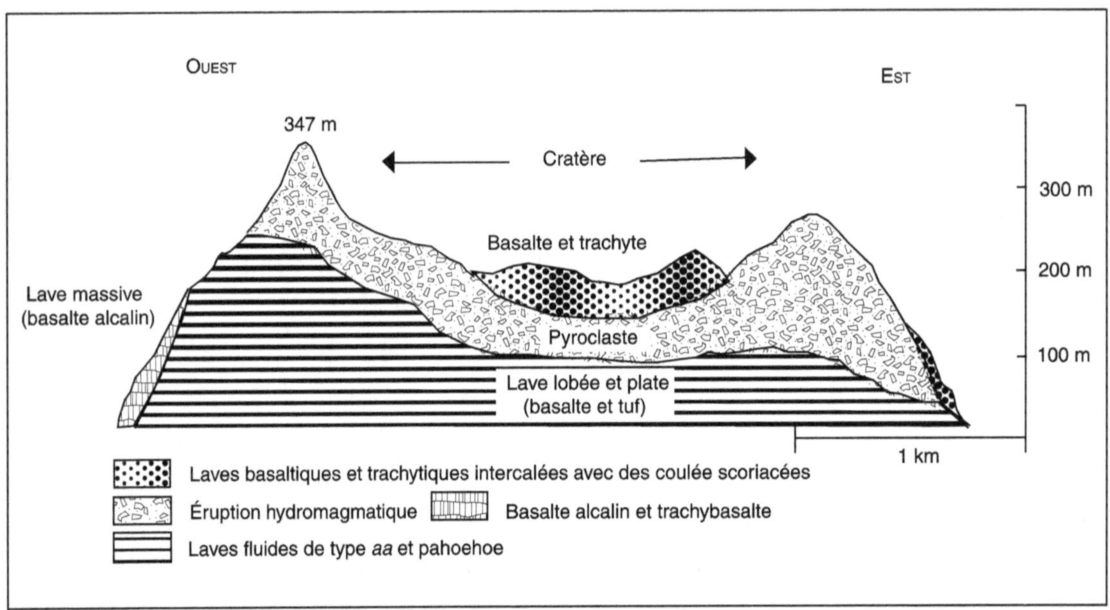

Figure 34. Coupe géologique de l'île de Pitcairn. Le profil géologique, inspiré de la carte géologique de Carter (1967), montre que la majeure partie de l'île de Pitcairn est formée de lave basaltique avec un cratère semi-circulaire entouré de produits de nature explosive (pyroclastes et tufs).

Le point chaud de Pitcairn

Le point chaud de Pitcairn serait à l'origine de l'alignement des îles Duke of Gloucester, des atolls de Mururoa et de Fangataufa, des îles Gambier et de celle de Pitcairn (cf. figures 24 et 26). La trace actuelle de ce point chaud se situe à environ 150 km à l'est de cette dernière, et se présente sous la forme d'une zone volcanique comprenant les monts sous-marins Adams et Bounty, s'élevant à 3 340 et 2 950 m respectivement au-dessus du plancher océanique, ainsi qu'une multitude de petits édifices de moins de 600 m de hauteur.

Les volcans formant le point chaud de Pitcairn sont situés dans un périmètre d'environ 150 km^2 et s'élèvent au-dessus d'un plancher océanique à 4 000 m de profondeur sur une ancienne croûte océanique de 30 millions d'années (figure 35). Les études menées par les géologues, géophysiciens et géochimistes dans le cadre d'une coopération franco-allemande, de 1989 à 1999, ont permis de découvrir l'origine et la composition du volcanisme et d'établir pour la première fois une stratigraphie volcanique sous-marine. L'interprétation de l'imagerie acoustique, accompagnée de l'étude bathymétrique et des plongées sous-marines avec le *Nautile,* a montré que l'activité volcanique du point chaud de Pitcairn avait émis plus de 5 900 km^3 de lave dans un rayon de 110 km (cf. figure 35). On y dénombre plus de 90 édifices volcaniques. La plupart de ces cônes volcaniques ont moins de 500 m de haut et sont répartis sur une superficie d'environ 10 000 m^2. Les deux plus grands édifices de plus de 3 500 m de hauteur ont été baptisés Adams et Bounty en référence à l'histoire des révoltés du *Bounty* qui ont peuplé l'île de Pitcairn. Le volcan Adams est le moins profond, culminant à 55-140 m sous la surface de l'océan. Son sommet couvert d'algues constitue un refuge pour la faune aquatique. Le volcan Bounty a un cratère sommital d'environ 400 m de diamètre, comportant des coulés de laves récentes de nature silicique, dénommées des trachytes. Le pourtour du cratère est couvert de produits hydrothermaux issus de cheminées actives, émanant des fluides à basse température (photo 101).

Le volcan Adams

Le volcan Adams, qui est le plus grand édifice du point chaud de Pitcairn, a un sommet formé de deux cônes situés à moins de 100 m de profondeur. Le sommet est couvert d'algues qui reposent sur une couche de coraux, de cendre volcanique et de produits d'origine hyaloclastique. Trois plongées du *Nautile* en 1999, effectuées le long du flanc à partir de 3 000 m de profondeur jusqu'au sommet du volcan, ont mis en évidence la présence de nombreuses coulées récentes à différentes profondeurs, indiquant un volcanisme encore actif.

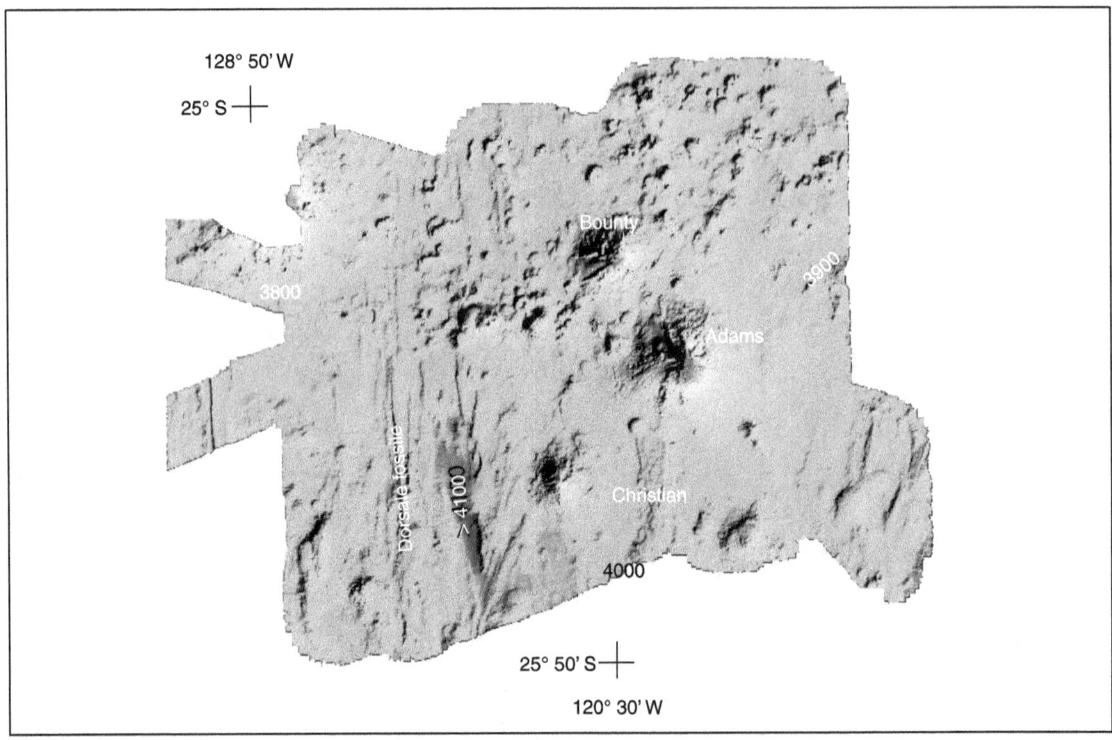

Figure 35. Bathymétrie 3D du point chaud de Pitcairn. Une couverture bathymétrique de 9 500 km^2 faite par un sondeur multifaisceaux (système Simrad EM12D) a permis de réaliser un bloc diagramme en trois dimensions du point chaud de Pitcairn, situé dans le Pacifique sud, à 25° S-129° 30' W. La compilation des données a été reproduite à l'Ifremer à partir des campagnes effectuées par les navires océanographiques *L'Atalante* (1999) et *F.S. Sonne* (1989) (d'après Stoffers *et al.,* 1990 ; Binard *et al.,* 2004 ; Hekinian *et al.,* 2003).

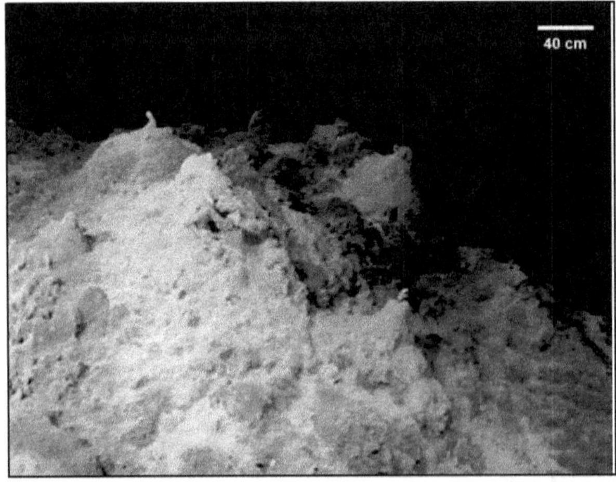

Photo 101 (© Ifremer-*Nautile*/Campagne *Polynaut* 1999). **Hydrothermalisme, profondeur 540 m.** Dépôt hydrothermal de faible température (< 50 °C) et de couleur ocre, formé par l'émanation de fluides par de petites cheminées (< 30 cm de hauteur) au sommet du volcan Bounty. Ce dépôt, composé essentiellement d'hydroxyde de fer, de silice et de manganèse, couvre une grande partie du sommet du volcan en bordure d'un cratère composé de roches riches en silice (les trachytes).

Le volcan Bounty

Ce volcan est morphologiquement comparable au volcan Adams, comportant un cône sommital et des fissures latérales ou zones de rift, canalisant le magma le long des flancs. Plusieurs cônes adjacents, situés sur les flancs et au pied du volcan, ont été alimentés à travers ces zones de rift. Afin de pouvoir mieux comprendre l'édification du volcan ainsi que l'origine des laves, quatre plongées ont été réalisées, de la base (3 850 m) jusqu'au sommet (420 m) du volcan. L'observation visuelle et l'analyse de la composition des échantillons prélevés ont permis de reconstruire la séquence rencontrée le long du volcan (cf. figure 35, figures 36A et 36B). Cette séquence se caractérise par une nature répétitive de la composition des laves et des morphologies volcaniques. C'est ainsi qu'une succession de neuf séquences éruptives, d'une épaisseur moyenne de 250 à 300 m chacune, a été reconnue. Cette cyclicité volcanique est vraisemblablement liée à la cristallisation fractionnée d'une poche magmatique sous le volcan, mais peut aussi être liée à une fusion partielle plus profonde du manteau. L'origine même de la séquence éruptive est à rechercher dans l'évolution du magma pendant sa remontée vers la surface. Les liquides très chauds (environ 1 200 °C) et primitifs, enrichis en éléments lourds, fer et magnésium, forment les coulées de composition picritique et basaltique (olivine, pyroxène et plagioclase calcique) qui s'épancheront en premier (photo 102). Lors du refroidissement de la colonne ou du réservoir magmatique, des minéraux qui cristallisent à plus basse température (quelques dizaines de degrés de moins), tels que les plagioclases sodiques et les feldspaths potassiques, entrent principalement dans la composition des coulées de trachytes et trachyandésites (photo 103). La concentration des éléments légers accompagne l'accumulation d'éléments volatils et de gaz, tels l'eau, le dioxyde de carbone et l'hydrogène sulfuré qui sont souvent responsables de la formation de produits explosifs comme les pyroclastites et les hyaloclastites.

De Teahitia à Bora-Bora : la construction d'une île

Issu des profondeurs abyssales, le volcan de point chaud suit un long parcours avant d'arriver à la surface de l'océan pour enfin émerger. S'engage alors une autre course, opposant le volcanisme à l'érosion. Celle-ci aura finalement le dernier mot, et une grande partie du sommet du volcan sera arasée. Du corail viendra progressivement recouvrir les dernières formations volcaniques encore visibles, avant que l'enfoncement irrémédiable du volcan ne fasse disparaître toute trace de volcanisme de la surface de l'océan.

L'édification d'une île océanique se réalise dans un laps de temps relativement court, comparativement à la longue évolution suivie par l'édifice volcanique, des premières éruptions jusqu'à la submersion (figure 37). Aucune datation des roches ne peut actuellement dire combien de temps un volcan de point chaud reste actif. On peut cependant, d'après la vitesse de la plaque Pacifique et le diamètre de la zone de point chaud, estimer cette période à environ un million d'années, bien qu'elle soit, selon toute vraisemblance, plus courte.

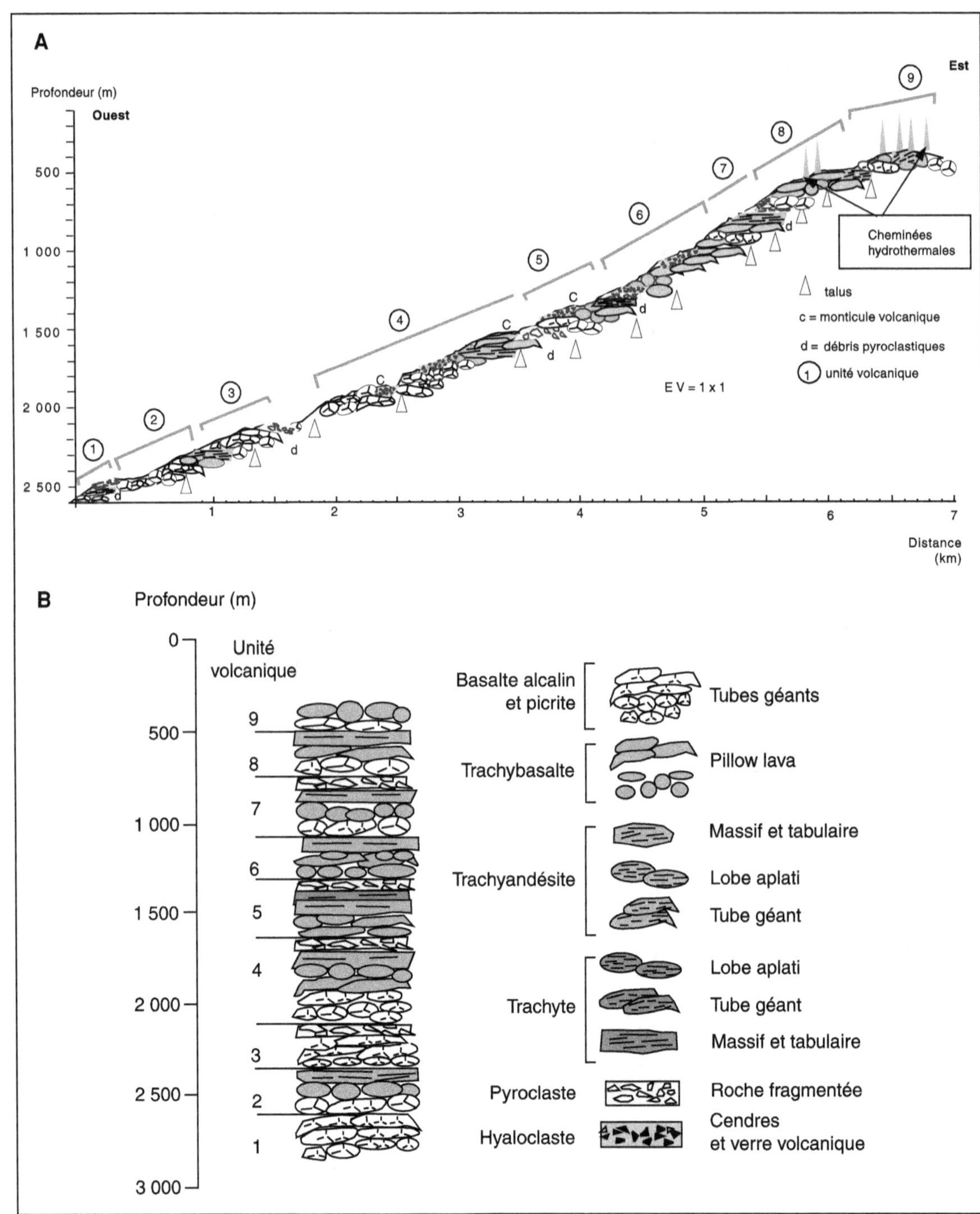

Figures 36A et 36B. Géologie et stratigraphie du volcan Bounty. Un relevé géologique du volcan Bounty a été réalisé lors d'observations effectuées pendant la campagne *Polynaut* (1999) avec le *Nautile*.

A) Grâce à la compilation de données recueillies lors de plusieurs plongées (plongées 03, 04, 06, 12 et 13), un profil morpho-structural a pu être établi. L'analyse de la morphologie des coulées de laves et de leur composition chimique a permis de différencier plusieurs unités volcaniques, mettant en évidence l'existence d'une cyclicité éruptive.

EV = 1 x 1 : il n'y a aucune exagération verticale ; l'échelle verticle est la même que celle horizontale.

B) C'est ainsi que neuf séquences volcaniques, débutant par des coulés fluides de basalte et de picrite, s'achevaient dans de nombreux cas par des éruptions explosives, libérant cendres volcaniques et produits pyroclastiques.

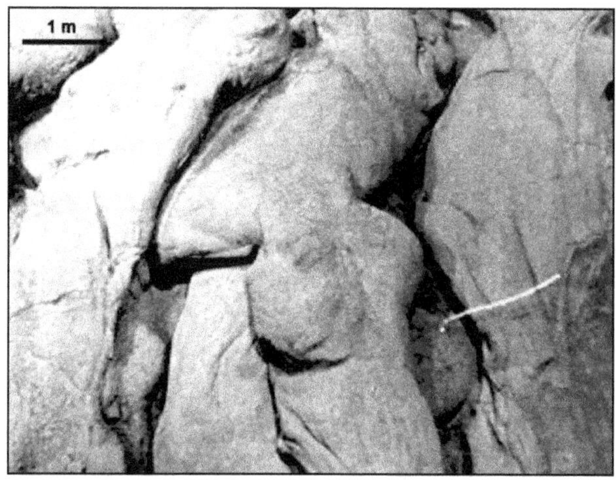

Photo 102 (© Ifremer-*Nautile*/Campagne *Polynaut* 1999). **Basalte, profondeur 2 280 m.** De larges tubes de lave, à surface lisse, représentent des coulées de basalte alcalin qui se sont épanchées le long d'une falaise du volcan Bounty.

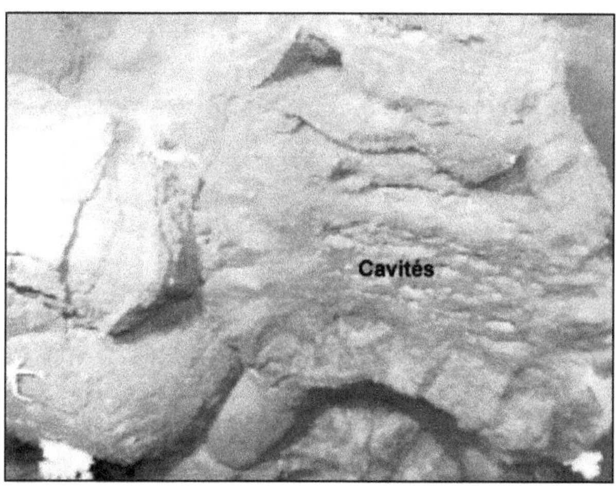

Photo 103 (© Ifremer-*Nautile*/Campagne *Polynaut* 1999). **Trachyte, plongée 4, profondeur 571 m.** Pendant la remontée magmatique, une différenciation du magma engendre la formation de liquide enrichi en volatils et en éléments, tels que potassium, sodium et silice qui, par cristallisation, forment des minéraux légers. Les roches enrichies en ces éléments (les trachytes, par exemple) contiennent des vacuoles et des cavités, générées par l'exsolution des gaz.

Dès qu'une île émerge, elle est immédiatement soumise à une érosion active, principalement due à l'action des vagues et à l'altération des roches entraînant des glissements en masse de matériaux vers la mer. Si l'édification de l'île se poursuit régulièrement et rapidement, l'extrusion de lave compense largement l'érosion. La grande fluidité des laves émises ainsi que leur volume important engendrent l'apparition de morphologies en dôme surbaissé, dont les pentes moyennes sont comprises entre 7° et 10° d'inclinaison, rappelant la forme d'un bouclier posé à plat sur le sol, d'où le nom de volcan bouclier.

L'arrêt de la phase majeure d'édification signifie que l'île est à présent trop éloignée de la région du point chaud et donc que sa source magmatique se tarit progressivement, à mesure que se refroidit le magma contenu dans la lithosphère, située sous le volcan. L'érosion prend alors tous ses droits et démantèle l'édifice. L'île de Tahiti a cessé de fonctionner il y a environ 200 000 ans et déjà sa partie centrale effondrée est entaillée de profondes vallées.

Plus vers l'ouest, les îles de l'archipel de la Société, telles que Bora-Bora (3,1 à 3,4 millions d'années) ou Maupiti (4 à 4,5 millions d'années), sont de plus en plus affectées par l'érosion. Cependant, avec le temps, ce phénomène tend à diminuer d'intensité à mesure que les reliefs volcaniques s'émoussent et que les bancs de coraux (à l'intérieur de la bande intertropicale) se développent progressivement à la périphérie des îles. Il se forme alors un récif frangeant, vivant et renouvelable, qui protège efficacement les côtes de l'assaut des vagues. La subsidence thermique qui affecte la lithosphère océanique va entraîner la submersion progressive de l'île, lors de sa migration vers le nord-ouest. L'ensemble constitué par la lithosphère et le volcan s'enfonce, l'île disparaît, seuls les coraux continuent de croître vers le haut. Ils auront tôt fait de recouvrir totalement ce qui reste de l'île, constituant alors un récif circulaire affleurant à la surface de l'océan, appelé atoll.

L'atoll existe jusqu'à la latitude de Darwin, aux environs de 28° N et de 28° S, au-delà de laquelle la vitesse de croissance du corail ne compense plus celle de la subsidence. L'atoll sombre alors à son tour, l'édifice devient un guyot, structure volcanique ancienne à sommet plat, que l'on trouve principalement dans la partie occidentale de la plaque Pacifique, la partie la plus vieille datant de plus de 80 millions d'années.

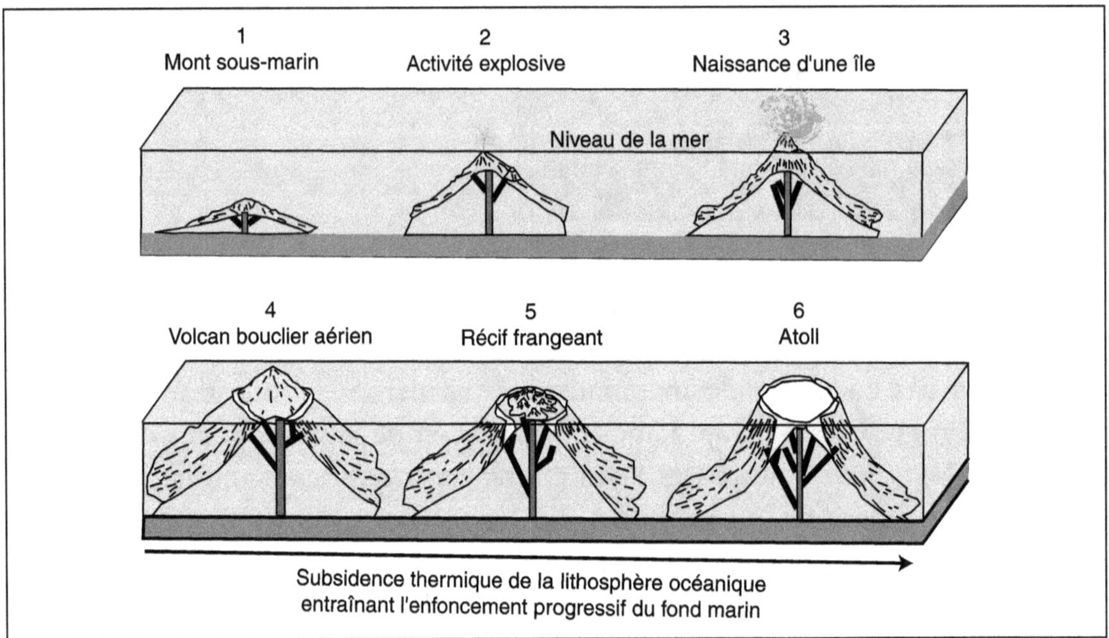

Figure 37. Édification d'un volcan intraplaque. 1) La naissance d'une île volcanique est l'aboutissement d'un long processus d'édification d'un volcan sous-marin. **2)** Le premier relief émergé est un cône de cendres, issu d'explosions hydromagmatiques, auquel s'ajoutent quelques coulées. **3)** L'activité aérienne postérieure engendre la formation d'un volcan à bouclier dont la hauteur au-dessus de la mer peut atteindre plusieurs milliers de mètres. **4)** Après arrêt de l'activité, l'édifice volcanique s'érode. **5)** Une barrière de corail se forme, un atoll est né. **6)** Par la suite, l'enfoncement inexorable du plancher océanique entraîne la submersion de la structure qui devient alors un guyot.

Bibliographie

Ballard R.D. et J.G. Moore. 1977. *Photographic Atlas of the Mid-Atlantic Ridge Rift Valley*, Springer-Verlag, New York, Heidelberg, Berlin. 114 p.

Caron J.M., A. Gauthier, A. Schaaf, J. Ulysse et J. Wozniak. 1989. *Comprendre et enseigner la planète Terre*, Ophrys, Paris, 271 p.

Cyamex (Francheteau J., T. Juteau, D. Needham et C. Rangin). 1980. *Cyamex : Naissance d'un océan*, CNEXO, Brest, 86 p.

Bideau D., R. Hekinian, B. Sichler, E. Garcia, C. Bollinger, M. Constantin & C. Guivel. 1998, Contrasting volcanic-tectonic processes during the past 2 Ma on the Mid-Atlantic Ridge: Submersible mapping, petrological and magnetic results at lat. 34°52'N and 33°55'N. *Mar. Geophys. Res.,* 20 : 425-458.

Binard N., R. Hekinian, P. Stoffers & J.L. Cheminée. 2004. South pacific intra-plate volcanism : Structure, morphology and style of eruption : *In* Hekinian, R., P. Stoffers and J-L. Cheminée (edit.): *Oceanic Hotspots.* Springer-Verlag, Heidelberg (Germany) : 157-207.

Carter, R.M. 1967. The Geology of Pitcairn Island, South Pacific Ocean. *Bernice Pauhi Bishop Museum bulletin*, 231 : 1-38.

Choukroune P., J. Francheteau & R. Hekinian. 1984. Tectonics of the East Pacific Rise near 12°50'N: A submersible study. *Earth Planet. Sci. Lett.,* 68 : 115-127.

Craig C.H. & D.T. Sandwell. 1988. Global distribution of seamounts from Seasat profiles. *J. Geophys. Res.,* 93 : 10408-10420.

Hekinian R., et Y. Fouquet, 1985. Volcanism and metallogenesis of axial and off-axial structures on the East Pacific Rise near 13°N, *Economic Geol.,* 80 : 221-249.

Hekinian, R, J.L. Cheminée, J. Dubois, P. Stoffers S. Scott, C. Guivel, D. Garbe-Schönberg, C. Devey, B. Bourdon, K. Lackschewitz , G. McMurtry & E. Le Drezen. 2003, The Pitcairn Hotspot in the South Pacific: Distribution and Composition of Submarine Volcanic Sequences. *J. Volcanol. Geotherm. Res.* 121 : 219-245.

Lalou, C., E. Brichet & R. Hekinian. 1985. Age dating of sulfide deposits from axial and off-axial structures on the East Pacific Rise near 12°50' N. *Earth Planet. Sci. Lett.,* 75 : 59-71.

Le Pichon, X.1968. Sea floor spreading and continental drift. *J. Geophys. Res.* :73, 3661-3697.

Le Pichon, X.1969. Models and structure of the oceanic crust. *Tectonophysics,* 7 : 385-401.

Macdonald K.C. & P. J. Fox. 1988. The axial summit graben and cross-sectional shape of the East Pacific Rise as indicators of axial magma chambers and recent volcanic eruptions. *Earth Planet. Sci. Lett.*, 88 : 119-131.

Macdonald K.C., D.S. Scheirer & S.M. Carbotte. 1991. Mid-ocean ridges: Discontinuities, segments and giant cracks. *Science,* 253 : 986-994.

Minster J.B. & T.G. Jordan. 1978. Present day plate motions. *J. Geophys. Res.,* 83, 5331-5354.

Morgan, W.J. 1968, Rises, trenches, great faults and crustal blocks. *J. Geophys. Res.* 73, 1959-1982.

Renard V., R. Hekinian, J. Francheteau, R.D. Ballard & H. Backer. 1985. Submersible observations at the axis of the ultra-fast-spreading East Pacific Rise (17°30' to 21°30'S). *Earth Planet. Sci. Lett.,* 75 : 339-353.

Sandwell D.T. & W.H.F. Smith. 1995. Marine Gravity Anomaly from Satellite Altimetry, *Geological Data Center Scripps Institution of Oceanography,* 9500 Gilman Drive, Lajolla, CA 92093-0223.

Sheridan M.F. & K.H. Wohletz. 1983. Hydrovolcanism: Basic considerations and review. *J. Volc. Geoth. Res.,* 17 : 1-29.

Sinton J.M. & R.S. Detrick. 1992. Mid-ocean ridge magma chambers. *J. Geophys. Res., 9* 7 : 197-216.

Smith W.H.F. & D.T. Sandwell. 1997. Global sea floor topography from satellite altimetry and ship depth soundings. *Science,* 277 : 1956-1962.

Stoffers, P., R. Hekinian, D. Ackermand, N. Binard, R. Botz, C.W. Devey, D. Hansen, R. Hodkinson, G. Jeschke, J. Lange, E. Van De Perre, J. Scholten, M. Schmitt, P. Sedwick & J.D.Woodhead. 1990. Active Pitcairn Hotspot Found. *Mar. Geol,* V 95 : 51-55.

Lectures supplémentaires conseillées

Ackermand, D., R. Hekinian & P. Stoffers. 2007. Mineralogy of magmatic sulfides and transition metal oxides from lavas of the Pitcairn Hotspot and the Pacific Antarctic Ridge. *N. Jb. Miner. Abh.,* 184/1 : 77–94.

Allègre C. 1983. *L'Écume de la Terre,* Fayard, Paris.

Allègre C. 1985. *De la pierre à l'étoile,* Fayard, Paris.

Arcyana. 1978. *FAMOUS, Atlas Photographique de la dorsale médio-Atlantique : rift et faille transformante par 3 000 mètres de fond,* Gauthiers-Villars, CNEXO, Paris. 128 p.

Auzende, J.M., T. Urabe, V. Bendel, C. Deplus, J.P. Eissen, D. Grimaud P. Huchon, I. Ishibashi, M. Joshima, Y. Lagabrielle, C. mevel, J. naka, E. Ruellan, T. Tanaka & M. Tanahashi. 1991. In situ geological and geochemical study of an active hydrothermal site on the North Fiji Basin ridge. *Marine Geology,* 98 : 259-269.

Avédik F. & L. Geli. 1987. Single-channel seismic reflection data from the East Pacific Rise axis between latitude 11°50' and 12°54'N. *Geology,* 15 : 857-860.

Averous P. 1981. *Chercheurs sur l'océan,* Hachette, Paris.

Ballard R.D., R.T. Holcomb & T.H. van Andel. 1979. The Galápagos Rift at 86°W: 3. Sheet flows, collapse pits, and lava lakes of the rift valley. *J. Geophys. Res.,* 84 : 5407-5422.

Ballard R.D., J. Francheteau, T. Juteau, C. Rangin & W.R. Normark. 1981. East Pacific Rise at 21°N: The volcanic, tectonic and hydrothermal processes of the central axis. *Earth Planet. Sci. Lett.,* 55 : 1-10.

Batiza R., D.J. Fornari, D. Vanko & P. Lonsdale. 1984. Craters, calderas and hyaloclastites: Common features of young Pacific seamounts. *J. Geophys. Res.,* 89 : 8371-8390.

Batiza R. 1989. Seamounts and seamount chains of the eastern Pacific, *in* D.M. Hussong, R.W. Decker et E.L. Winterer, (edit.) *The Eastern Pacific Ocean and Hawaii,* edited by The Geological Society of America, 289-306.

Becker K. & R.P. von Herzen. 1983. Heat flow on the western flank of the East Pacific Rise at 21°N. *J. Geophys. Res.,* 88 : 1057-1066.

Binard N., R. Hekinian, J.L. Cheminée, R.C. Searle & P. Stoffers. 1991. Morphological and structural studies of the Society and Austral hot spot regions in the South Pacific. *Tectonophysics,* 186 : 293-312.

Binard N., R. Hekinian, J.L. Cheminée & P. Stoffers. 1992. Style of eruptive activity on intraplate volcanoes in the Society and Austral hot spot regions: Bathymetry, petrology, and submersible observations. *J. Geophys. Res.,* 97 : 13999-14015.

Bonatti E. & C.G.A. Harrison. 1988. Eruption styles of basalt in oceanic spreading ridges and seamounts: Effect of magma temperature and viscosity. *J. Geophys. Res.,* 93 : 2967-2980.

Broecker, W.S. 1985. *How to build a habitable planet,* Lamont-Doherty Geological Observatory of columbia University, ELDIGIO Press LDGO Box #2, Palisades N.Y. 10964, U.S.A., 291 p.

Brousse R. 1974. Géologie et pétrologie des îles Gambier. *Cah. Pac.,* 18 : 159-244.

Burke K.C. & J.T. Wilson. 1976. Hot spots on the Earth's surface. *Sci. Amer.,* 235 : 46-57.

Cheminée J.L., R. Hekinian, J. Talandier, F. Albarède, C.W. Devey, J. Francheteau & Y. Lancelot. 1990. Campagne Teahitia 1 : Géologie d'un point chaud actif - Teahitia-Mehetia, îles de la Société (Pacifique central sud). *Oceanol. Acta,* SP10 : 225-239.

Cheminée J.L., P. Stoffers, G. McMurtry, H. Richnow, D. Puteanus & P. Sedwick. 1991. Gas-rich submarine exhalations during the 1989 eruption of Macdonald seamount. *Earth Planet. Sci. Lett.,* 107 : 318-327.

Dercourt J. et J. Paquet. 1990. *Géologie objets et méthodes,* Dunod, Paris.

Detrick R.S., P. Buhl, E. Vera, J. Mutter, J. Orcutt, J. Madsen & T. Brocher. 1987. Multi-channel seismic imaging of a crustal magma chamber along the East Pacific Rise. *Nature,* 326 : 35-41.

Duncan R.A., I. Mcdougall, R.M. Carter & D.S. Coombs. 1974. Pitcairn Island-another Pacific hot spot? *Nature,* 251 : 679-682.

Équipe KAIKO (X. Le Pichon, K. Fujioka, A Taira, K. Kobayashi, K. Nakamura, J.T. Hyama, J.P. Cadet, S. Lallemand et D. Girard). 1988. *À moins de 6 000 m.* Ifremer, CNRS, University of Tokyo press, 103 p.

Fornari D.J., W.B.F. Ryan & P.J. Fox. 1985. Sea-floor lava field on the East Pacific Rise. *Geology,* 13 : 413-416.

Fornari D.J. 1986. Submarine lava tubes and channels. *Bull. Volc.,* 48 : 291-298.

Foucault A. et J.-F. Raoult. 1988. *Dictionnaire de géologie,* Collection guides géologiques régionaux, Masson, Paris, 324 p.

Fouquet Y., J.M. Auzande., V. Ballu, R. Batiza, D. Bideau, M.H. Cormier, P. Geistdoerfer, Y. Lagabrielle, J. Sinton, & P. Spadea. 1994. Variabilité des manisfestations hydrothermales actuelles le long d'une dorsale ultra-rapide : exemple de la dorsale Est Pacifique entre 17° et 19°S (Campagne NAUDUR). *Compt. Rend. Académie des Sciences,* 319 série 2 : 1399-1406.

Francheteau J., H.D. Needham, P. Choukroune, T. Juteau, M. Seguret, R.D. Ballard, P.J. Fox, W.R. Normark, A. Carranza, D. Cordoba, J. Guerrero & C. Rangin. 1981. First manned submersible dives on the East Pacific Rise at 21°N (Project Rita): General results. *Mar. Geophys. Res.,* 4 : 345-379.

Gidon M. 1987. *Les structures tectoniques,* BRGM, Orléans.

Girod M. 1984. *Les roches volcaniques,* Doin, Paris.

Goër de Herve A. 1985. *Le volcanisme-Lexique,* CRDP, Clermont-Ferrand.

Hallan A. 1976. *Une révolution dans les sciences de la terre,* Seuil, Paris.

Hardee H.C. 1980. Solidification in Kilauea Iki lava lake. *J. Volc. Geoth. Res.,* 7 : 211-223.

Hekinian R., M. Chaigneau & J.L. Cheminée. 1973. Popping rocks and lava tubes from the Mid-Atlantic rift valley at 36°N. *Nature,* 245 : 371-373.

Hekinian R., D. Bideau, M. Cannat, J. Francheteau & R. Hébert. 1992. Volcanic activity and crust-mantle exposure in the ultrafast Garrett transform fault near 13°28'S in the Pacific. *Earth Planet. Sci. Lett.,* 108 : 259-275.

Hollister C.D., M.F. Glenn & P. F. Lonsdale. 1978. Morphology of seamounts in the western Pacific and Philippine basin from multi-beam sonar data. *Earth Planet. Sci. Lett.,* 41 : 405-418.

Jarrard R.D. & D. A. Clague. 1977. Implications of Pacific island and seamount ages for the origin of volcanic chains. *Rev. Geoph. Space Phys.,* 15 : 57-76.

Juteau T. 1993. *La naissance des océans,* Payot & Rivages, Paris, 381 p.

Kohler P. 1991. *Histoire de notre planète,* Perrin, Paris.

Krafft M. et F.D. de Larouzière. 1991. *Guide des volcans d'Europe et des Canaries,* Delachaux et Niestlè, Lausanne.

Lameyre J. 1986. *Roches et minéraux,* Doin, Paris.

Laubier L. 1986. *Des oasis au fond des mers,* Le Rocher, Paris, 155 p.

Laubier L. 1992. *Vingt mille vies sous les mers,* Odile Jacob, Paris.

Lonsdale P. & R. Batiza. 1980. Hyaloclastite and lava flows on young seamounts examined with a submersible. *Geol. Soc. Am. Bull.,* 91 : 545-554.

Lonsdale P. 1983. Overlapping rift zones at the 55°S offset of the East Pacific Rise. *J. Geophys. Res.,* 88 : 9393-9406.

Nicolas A.,1989. *Principes de tectonique,* Masson, Paris, 224 p.

Nicolas A. 1990. *Les montagnes sous la mer. Expansion des océans et tectonique des plaques,* BRGM, Orléans. 187 p.

Macdonald K.C., R. Haymon & A. Shor. 1989. A 220 km^2 recently erupted lava field on the East Pacific Rise near lat 8°S. *Geology,* 17 : 212-216.

Mammerickx J. 1992. The Foundation Seamounts: Tectonic setting of a newly discovered seamount chain in the South Pacific. *Earth Planet. Sci. Lett.,* 113 : 293-306.

McNutt M.K. & K. M. Fisher. 1987. The South Pacific superswell, *in* P. Fryer B.H. Keating R. Batiza et G.W. Boehlert (edit.), *Seamounts, Islands, and Atolls,* American Geophysical Union, Washington D.C. : 25-34.

Menard H.W. 1984. Darwin reprise. *J. Geophys. Res.,* 89 : 9960-9968.

Michard A., G. Michard, D. Stüben, P. Stoffers, J.L. Cheminée & N. Binard. 1993. Submarine thermal springs associated with young volcanoes: The Teahitia vents, Society Islands, Pacific Ocean. *Geochim. Cosmochim. Acta,* 57 : 4977-4986.

Molnar P. & J. Stock. 1987. Relative motions of hotspots in the Pacific, Atlantic and Indian oceans since late Cretaceous time. *Nature,* 327 : 587-591.

Moore J.G. & R.K. Reed. 1963. Pillow structure of submarine basalts east of Hawaii. *U.S. Geol. Surv. Prof. Paper,* 475-B : B153-B157.

Moore J.G. 1975. Mechanism of formation of pillow lava. *Sci. Amer.,* 63 : 269-277.

Moore J.G. & J.P. Lockwood. 1978. Spreading cracks on pillow lava. *J. Geol.,* 86 : 661-671.

Okal E.A., J. Talandier, K.A. Sverdrup & T.H. Jordan. 1980. Seismicity and tectonic stress in the South-Central Pacific. *J. Geophys. Res.,* 85 : 6479-6495.

Peterson D.W. & R.I. Tilling. 1980. Transition of basaltic lava from pahoehoe to aa, Kilauea volcano, Hawaii: Field observations and key factors. *J. Volc. Geoth. Res.,* 7 : 271-293.

Pomerol C. et M. Renard. 1989. *Éléments de géologie,* Armand Colin, Paris.

Reeves H. 1988. *Patience dans l'azur,* Seuil, Paris, 629 p.

Reyss D. 1990. *Dans la nuit des abysses. Au fond des océans,* Gallimard, Paris.

Riffaud C. et X. Le Pichon. 1976. *Expédition FAMOUS. À 3 000 mètres sous l'Atlantique,* Albin Michel, Paris, 271 p.

Riffaud C. 1988. *La grande aventure des hommes sous la mer,* Albin Michel, Paris, 457 p.

Sleep N.H. 1992. Hotspot volcanism and mantle plumes. *Ann. Rev. Earth Planet. Sci., 20* : 19-43.

Smith D.K. & T.H. Jordan. 1987. The size and distribution of Pacific seamounts. *Geophys. Res. Lett.,* 14 : 1119-1122.

Smith D.K. & T.H. Jordan. 1988. Seamount statistics in the Pacific ocean. *J. Geophys. Res., 93* : 2899-2918.

Stoffers P., R. Botz, J.L. Cheminée, C. Devey, V. Froger, G. Glasby, M. Hartmann, R. Hekinian, F. Kogler, D. Laschek, P. Larque, W. Michaelis, R. Muhe, D. Putanus & H.H. Richnow. 1989. Geology of Macdonald seamount region, Austral Islands: Recent hotspot volcanism in the South Pacific. *Mar. Geophys. Res.,* 11 : 101-112.

Talandier J. & E.A. Okal. 1984. New surveys of Macdonald seamount, south-central Pacific, following volcanoseismic activity, 1977-1983. *Geophys. Res. Lett.,* 1 : 813-816.

Vanney J.R. 1991. *Introduction à la géographie de l'océan,* Institut océanographique de Paris. Océanis, vol. 17, Fasc. 1-2 : 1-214.

von Herzen R.P., M.J. Cordery, R.S. Detrick & C. Fang. 1989. Heat flow and the thermal origin of hot spot swells: The Hawaiian swell revisited. *J. Geophys. Res.,* 94, 13 : 783-799.

Glossaire

aa

Coulée recouverte de blocs scoriacés. Lors de sa mise en place, la lave se recouvre rapidement d'une croûte solide qui, sous l'effet du déplacement de la coulée, se fragmente en blocs anguleux qui s'amoncellent en désordre. Nom d'origine polynésienne.

Accrétion océanique

Création de croûte océanique, suivant l'axe des dorsales, par refroidissement des magmas issus de la fusion partielle du manteau supérieur.

Açores

Archipel volcanique de l'Atlantique nord, situé de part et d'autre de la dorsale médio-Atlantique entre 38° N et 39° N, à l'aplomb de la grande faille transformante qui sépare les plaques d'Afrique et d'Eurasie.

Adiabatique

Adjectif se rapportant à la transformation des corps lorsque celle-ci s'effectue sans échange de chaleur avec l'extérieur. (n.m. adiabatisme.)

Affleurement

Surface de terrain dépourvue de toute couverture superficielle, laissant apparaître les formations géologiques.

Albite

Feldspath sodi-calcique, encore appelé plagioclase acide, contenant une très forte proportion de sodium. L'albite pure ($Na[Si_3AlO_8]$) ne contient pas de calcium.

Alcalin

Qualifie une roche riche en sodium (Na) et en potassium (K).

Altération

Transformation chimique des minéraux par des agents extérieurs, entraînant la décomposition partielle ou totale d'une roche.

Amphibolite

Roche métamorphique contenant principalement des amphiboles et des plagioclases.

Andésite

Roche magmatique effusive de couleur gris clair, plus riche en silice que les basaltes, apparaissant dans les domaines continentaux, et plus particulièrement dans les zones de subduction (arc insulaire et marge continentale active). Associées fréquemment à un volcanisme explosif, les andésites basiques donnent des coulées et les andésites acides (riches en silice), moins fluides, forment des aiguilles et des culots. (adj. andésitique.)

Anhydride sulfureux

Synonyme de dioxyde de soufre, il constitue un gaz incolore et suffocant, émis par les volcans.

Anhydrite

Sulfate de calcium ($CaSO_4$) d'aspect vitreux et de couleur blanc-gris, parfois bleuâtre. L'anhydrite est un minéral que l'on trouve dans des roches sédimentaires, en particulier les évaporites. L'anhydrite peut se transformer en gypse ($CaSO_4, 2H_2O$) par hydratation.

Anomalie magnétique

Différence existant entre le champ magnétique mesuré en un point du globe et celui déterminé à partir d'un modèle global mathématique (champ dipolaire ou champ de Gauss). Les anomalies magnétiques les plus célèbres sont celles qui, décelées dans les basaltes des fonds océaniques, établirent le fondement de la théorie de la tectonique des plaques.

Apatite

Phosphate de calcium se présentant sous la forme de petits cristaux allongés incolores, parfois teintés de blanc, de vert ou de bleu. C'est un minéral accessoire des roches riches en calcium et des roches magmatiques alcalines.

Asbeste

Minéral silicaté fibreux, résistant au feu. Il peut s'agir d'amphiboles ou de serpentines. Synonyme d'amiante. (adj. asbestin, e.)

Asthénosphère

Partie du manteau supérieur, située entre 100 et 300 km de profondeur environ, sur laquelle flotte et se déplace la lithosphère rigide. Ses propriétés physiques lui permettent de fluer sous l'action de faibles contraintes mécaniques. (adj. asthénosphérique.)

Atoll

Récif corallien, de forme annulaire, entourant un lagon. L'atoll occupe le sommet d'une ancienne île volcanique submergée.

Austral

Qui se situe dans l'hémisphère Sud.

Avalanche sous-marine

Mise en mouvement et déplacement, le long d'une pente sous-marine, d'une portion de terrain qui, perdant sa cohésion, se transforme en une masse de blocs et particules hétérométriques. Elle s'accompagne généralement d'un raz-de-marée en surface.

Axe de dorsale

Étroite zone centrale d'une dorsale océanique où se concentrent fissuration tectonique et éruptions volcaniques liées à la formation de la nouvelle croûte océanique (âge zéro). C'est aussi la ligne de séparation de deux plaques océaniques se déplaçant dans des directions opposées.

B

Basalte

Roche magmatique effusive, de couleur sombre, émise à environ 1 100-1 200 °C. Le basalte, composé d'environ 50 % de silice (SiO_2), est une roche microlitique contenant des cristaux de plagioclase et de clinopyroxène, accompagnés selon les cas d'olivine, d'ilménite, de magnétite et exceptionnellement de quartz. Les tholéiites sont des basaltes riches en silice, présentes dans le verre, ou exprimées sous forme de quartz. (adj. basaltique.)

Bathymétrie

Mesure de la profondeur des fonds marins. Autrefois réalisée à l'aide de câbles lestés, dont on mesurait la longueur, la bathymétrie s'effectue aujourd'hui par échosondage. (adj. bathymétrique.)

Bathymétrie multifaisceaux

Technique récente qui permet de mesurer, à l'aide d'un seul signal acoustique, un grand nombre de profondeurs le long d'une ligne perpendi-culaire à la direction suivie par le navire. On obtient alors une carte linéaire, large parfois de quelques dizaines de kilomètres.

Bombe volcanique

Bloc de lave allant du dm³ à plusieurs m³, projeté à l'état liquide ou visqueux par les explosions volcaniques. Lors de leur trajectoire aérienne, les bombes acquièrent des formes variées. Les plus communes sont les bombes en fuseau, les bombes en « bouse de vache » et les bombes en « croûte de pain ».

Bora-Bora

Île de l'océan Pacifique sud, faisant partie du groupe des îles Sous-le-Vent de l'archipel de la Société.

Boréal

Qui se situe dans l'hémisphère Nord.

Brèche

Roche formée par au moins 50 % de fragments anguleux, supérieurs à 2 mm de diamètre, réunis par un ciment. On connaît des brèches sédimentaires (conglomérats, brèches de pente), des brèches tectoniques (mylonites) et des brèches volcaniques (explosions, fragmentation de coulées). (n.f. bréchification ; v. (se) bréchifier ; adj. bréchifié, ée, bréchique.)

C

Calcaire

Roche sédimentaire carbonatée contenant au moins 50 % de calcite ($CaCO_3$). (adj. calcaire ; calcareux, se ; calcarifère.)

Caldera ou caldeira

Effondrement d'origine volcanique, de forme circulaire ou elliptique, faisant au moins 1 km de diamètre. On distingue les calderas des volcans boucliers, les calderas des strato-volcans et les calderas ignimbritiques (sans relation avec un appareil volcanique déjà existant).

Cartographie

Ensemble des travaux et des techniques permettant l'élaboration et l'impression d'une carte topographique, bathymétrique ou géologique. (v. cartographier ; adj. cartographique.)

Cendres volcaniques

Fragments de magma pulvérisé ou de roche effusive broyée, éjectés par les volcans et dont la dimension est inférieure à 2 mm. On distingue les cendres grossières, de 0,64 à 2 mm, et les cendres fines, inférieures à 0,64 mm.

Chalcopyrite

Sulfure de cuivre et de fer ($CuFeS_2$) à l'éclat métallique jaune avec des irisations rouges et bleues. C'est le principal minerai de cuivre que l'on trouve généralement associé avec des roches magmatiques basiques telles que les gabbros, ou encore avec des andésites et trachytes.

Chambre magmatique

Région de la lithosphère où réside une quantité anormalement élevée de magma. La concentration de liquides magmatiques est le siège de phénomènes complexes tels que la migration de fluides, les réactions chimiques avec les roches encaissantes, la cristallisation et le mélange des magmas.

Champ hydrothermal

Surface à travers de laquelle se dégage un important flux de chaleur par l'intermédiaire de la circulation de fluides (eau et composés minéraux) à l'intérieur des roches. Le champ hydrothermal est matérialisé par l'émanation des fluides chauds et par des concentrations minérales importantes.

Champ magnétique
Domaine où s'exercent des forces magnétiques. Le champ magnétique terrestre est généré par du métal (essentiellement du fer) en fusion dans le noyau, à plus de 2 900 km de profondeur.

Cheire ou cheyre
Surface chaotique d'une coulée de lave, formée par la fragmentation progressive des blocs rocheux sous l'effet de leur déplacement. Mot d'origine gauloise.

Chromite
Oxyde de fer et de chrome (Fe, Mg) $(Cr, Al)_2 O_4$ formant des masses grenues, sombres, à éclat métallique, pouvant atteindre plusieurs centaines de tonnes. Les chromites sont très répandues dans les complexes ophiolitiques. Elles constituent le seul minerai exploité pour le chrome.

Chrysotile
Silicate riche en magnésium, se présentant en fibre, et provenant de l'altération des olivines et de certains pyroxènes des roches basiques et ultrabasiques.

Clinopyroxène
Minéral de pyroxène cristallisant dans le système monoclinique. Voir pyroxène.

Clipperton (mont)
Volcan sous-marin (104° 03' W-12° 35' N) situé 18 km à l'ouest de la dorsale du Pacifique est.

Colline abyssale
Relief linéaire hachant le plancher des océans, issu du découpage tectonique de la croûte océanique à proximité des dorsales (voir horst), pouvant atteindre plusieurs centaines de mètres de hauteur.

Compaction
Action naturelle du tassement des roches au cours du temps, aboutissant à la création d'un état compact.

Cone-sheet
Remplissage d'une fracture conique par du magma.

Cône volcanique
Relief volcanique formé par l'accumulation de coulées et/ou de cendres, de scories et de blocs de lave autour d'une bouche éruptive (ou cratère). Un cône égueulé est un cône volcanique en forme de croissant, partiellement détruit par une explosion ou emporté par une coulée de lave.

Continent
Terme désignant les aires émergées à la surface de la terre, ainsi que leurs bordures peu profondes appelées des plateaux continentaux. Les continents correspondent aussi à la fraction la moins dense de la croûte terrestre, ou croûte continentale, dont la structure et la composition essentiellement granitique dans la partie supérieure sont relativement complexes. (adj. continental, e, aux.)

Convection
Transfert de chaleur d'un milieu chaud vers un milieu froid, se faisant par déplacement de matière. La convection existant au sein de l'asthénosphère est à l'origine du mouvement des plaques lithosphériques. (adj. convectif, ve.)

Corail
Roche carbonatée des régions chaudes, formée par l'accumulation des squelettes calcaires sécrétés par des organismes (polypiers) coloniaux ou récifaux. (adj. corallien, nne.)

Corrugation

Ondulations se formant à la surface des pillow lavas, orientées parallèlement à la direction de croissance de ceux-ci.

Cratère

Dépression morphologique, circulaire ou elliptique, délimitée par des rebords abrupts. (adj. cratérique.)

Croûte terrestre

Partie la plus superficielle du globe terrestre, séparée du manteau par la discontinuité de Mohorovicic, ou Moho. On distingue la croûte océanique, mince (7-9 km) et dense (basaltes, gabbros), de la croûte continentale, épaisse (20-70 km) et moins dense (de composition moyenne incluant des roches granitiques et andésitiques). (adj. crustal, e, aux.)

Cumulat

Roche magmatique grenue formée par accumulation de cristaux denses à l'intérieur d'un magma, sous l'effet de la gravité. Les cumulats se trouvent plus particulièrement à la partie inférieure des complexes ophiolitiques.

Cyana

Soucoupe plongeante française, conçue pour opérer jusqu'à 3 000 m de profondeur. Piloté manuellement, le submersible navigue sur le fond ou à quelques mètres au-dessus du fond, en emportant trois personnes à son bord.

D

Degré géothermique

Distance à laquelle il faut s'enfoncer à l'intérieur de la terre pour constater une augmentation de la température de 1 °C. Près de la surface, cette distance est de l'ordre de la trentaine de mètres.

Dérive des continents

Théorie selon laquelle les blocs continentaux se seraient déplacés, sur de grandes distances, au cours des temps géologiques. Déjà évoquée au XIXe siècle, cette théorie fut défendue par A. Wegener dès 1912 avant d'être confirmée, modifiée et précisée dans les années 1960.

Desquamation

Érosion des roches par enlèvement de fines écailles superficielles. Ceci affecte plus généralement les roches subissant des chocs thermiques, comme les laves qui s'épanchent sous l'eau. (v. [se] desquamer.)

Dextre

Qualifie un décrochement, ou faille transformante, dont les compartiments, vus du dessus, se sont déplacés vers la droite l'un par rapport à l'autre.

Diabase

Synonyme de dolérite ; employé aussi pour désigner une dolérite altérée de teinte verte.

Diaclase

Fracture au sein des roches et des terrains sans déplacement relatif des deux bords. Ce terme est généralement employé pour des fractures perpendiculaires aux couches.

Diagenèse

Ensemble des processus physiques et chimiques qui affectent un dépôt sédimentaire et qui conduisent à sa transformation en une roche solide. (adj. diagénétique.)

Diapir
Masse de matière, de densité inférieure à celle des roches encaissantes, qui tend à migrer vers la surface sous l'effet du contraste de densité. (n.m. diapirisme ; adj. diapirique.)

Digitation
Division des pillow lavas au cours de leur croissance.

Discontinuité sismique
Zone de faible épaisseur à l'intérieur du globe, au passage de laquelle les ondes sismiques subissent de brutales variations de vitesse. Ces discontinuités géophysiques délimitent les principales enveloppes terrestres. On distingue la discontinuité de Mohorovicic, entre la croûte et le manteau, celle de Gutenberg, entre le manteau et le noyau et celle de Lehman, entre le noyau et la graine.

Distal
Qui se trouve éloigné du lieu de référence.

Dolérite
Roche magmatique microlitique, intermédiaire entre gabbro et basalte, formée principalement de plagioclases et de pyroxènes. Les dolérites sont généralement issues de la cristallisation lente des magmas basaltiques à l'intérieur des fissures tectoniques, au travers desquelles ils migrent vers la surface.

Dorsale océanique
Alignement de crêtes volcaniques, sur le fond des océans, d'une longueur totale d'environ 60 000 km pour quelques centaines de large.

Drague à roche
Récipient d'acier en forme de panier, accroché à un câble déroulé par un treuil. Tracté sur le fond, il racle les roches et permet ainsi de collecter des échantillons.

Dunite
Péridotite constituée à 90-100 % d'olivine.

Dyke
Lame de roche magmatique plus ou moins verticale, recoupant l'ensemble des structures des roches encaissantes. Une fois dégagé par l'érosion, le dyke forme un mur dépassant rarement quelques mètres d'épaisseur.

E

Échosondage
Technique consistant à émettre une onde acoustique depuis un navire et à mesurer le temps mis par celle-ci pour revenir vers le navire, après s'être réfléchie sur le fond marin.

Effet de trempe
Refroidissement brutal de la lave au contact de l'eau de mer, bloquant tout phénomène de cristallisations.

Épiclastique
Se dit d'une roche constituée par les fragments de roches plus anciennes. Ce terme s'applique aussi aux formations géologiques résultant de glissements de terrain.

Épidote
Silicate contenant du fer, de l'aluminium et du calcium. Minéral de teinte verte, l'épidote se présente le plus souvent en grains, en fibres ou sous forme de prismes allongés. L'épidote se trouve généralement dans les roches légèrement calciques ayant subi un faible métamorphisme.

Équante
Qualifie les textures et les structures des roches grenues ne montrant

aucune orientation préférentielle. On parlera aussi de texture ou de structure isotrope.

Équidimensionnel

Dont la forme ne présente aucune orientation préférentielle.

Érosion

Ensemble des processus qui dégradent et modifient le relief. Les différents agents entraînant l'érosion sont mécaniques (eau, vent, gravité), chimiques (altération) ou biologiques (animaux, plantes). En moyenne, car les vitesses d'érosion sont très variables à la surface du globe, l'érosion chimique décape moins d'un millimètre tous les 1 000 ans pour un continent ; l'érosion mécanique est plus forte. (v. éroder ; adj. érosif, ve.)

Éruption hydromagmatique

Activité volcanique résultant de l'interaction explosive entre un magma ascendant et les eaux superficielles.

Éruption volcanique

Émission de lave, de blocs et de cendres, provenant d'un réservoir magmatique situé en profondeur, sous l'effet de la pression des gaz. (adj. éruptif, ve.)

Évaporites

Dépôts formés par précipitation de sels (chlorures et sulfates alcalins), à la suite de l'évaporation de l'eau dans laquelle ces sels étaient dissous.

Expansion des fonds océaniques

Augmentation de la surface du fond des océans par apport de matériaux profonds (roches magmatiques) sous des dorsales océaniques.

Exsolution

Transformation d'un cristal homogène en un assemblage hétérogène polyminéral.

F

Faille

Cassure de terrain, de quelques mètres à plusieurs centaines de kilomètres de longueur, s'accompagnant d'un déplacement relatif des deux parties ainsi séparées.

Fangataufa

Atoll de l'archipel des Tuamotu, dans l'océan Pacifique, situé à 138° 45' W et 22° 15' S.

Feldspath

Silico-aluminate contenant du potassium, du sodium ou du calcium. Les feldspaths sont les principaux constituants des roches magmatiques et de certaines roches métamorphiques. Ils se présentent sous forme de baguettes ou de prismes blanchâtres pouvant atteindre plusieurs centimètres de longueur. (adj. feldspathique.)

Feldspathoïde

Silico-aluminate voisin d'un feldspath, mais moins riche en silice, qui réagit avec le quartz et ne peut donc, sauf quelques rares exceptions, coexister avec ce dernier dans les roches.

Ferromagnésien

Qualifie les minéraux riches en fer et en magnésium. Ces minéraux sont principalement les olivines, les pyroxènes, les micas et les amphiboles.

Fibroradié

Qualifie une structure cristalline montrant des fibres rayonnantes à partir d'un centre, chaque fibre correspondant à un cristal ou à un empilement de petits cristaux.

Filon

Lame de roche épaisse de quelques centimètres à quelques mètres, recoupant la structure des roches encaissantes.

Le filon correspond en général au remplissage d'une ancienne fracture (diaclase, faille) par des matériaux provenant de roches magmatiques ou de l'encaissant. Les filons sont des lieux ou se concentrent les substances utiles (minerai). (adj. filonien, ne.)

Fissure éruptive
Éruption se produisant le long d'une faille et donnant naissance à une succession d'édifices volcaniques de petite taille, alignés parfois sur plusieurs dizaines de kilomètres. Ces éruptions sont caractéristiques du volcanisme des dorsales océaniques et des volcans boucliers. (adj. fissural, e.)

Fluage
Déformation plastique de la matière sans qu'il n'y ait rupture mécanique de celle-ci (craquelure, fracture). (v. fluer.)

Fluidal
Qualifie la structure de certaines laves où les minéraux, les vacuoles ou encore des fragments volcaniques se sont alignés sous l'effet du mouvement de la lave fluide au moment de sa mise en place.

Fluide hydrothermal
Eau de mer qui, au niveau des dorsales océaniques, circule à l'intérieur de la lithosphère et voit sa composition évoluer par échanges chimiques au contact des roches (magma ?) à haute température.

Flux thermique ou flux de chaleur
Quantité de chaleur traversant une surface donnée en un temps donné. Le flux géothermique est dû aux phénomènes physiques, chimiques et nucléaires qui se produisent à l'intérieur du globe terrestre. Il montre une anomalie positive au niveau des dorsales océaniques et des arcs volcaniques, et une anomalie négative au niveau des zones de subduction.

Formation bréchique
Étendue ou couche géologique faîte de roches fragmentées (voir brèches).

Fosse océanique
Dépression océanique allongée, de grande dimension (plusieurs milliers de kilomètres) et de grande profondeur (5 000 à 11 000 m), longeant des continents ou des archipels volcaniques et marquant l'emplacement d'une zone de subduction.

Foyer sismique ou hypocentre
Lieu où se produit le premier ébranlement. C'est en fait l'emplacement où s'initie le déplacement relatif des blocs rocheux (mécanisme au foyer) à l'origine du séisme.

Fumerolles
Émanations gazeuses, calmes et régulières se faisant le long de fissures ou par des trous souvent regroupés dans un périmètre restreint (champ fumerollien), à la surface des terrains volcaniques. Leur température peut atteindre 1 000 °C. Leur refroidissement en surface provoque la précipitation de matériaux comme le soufre, parfois sur de très grandes épaisseurs. Les fumerolles sont les témoins les plus persistants de l'activité d'un volcan. (adj. fumerollien, nne.)

Fumeur (noir ou blanc)
Cheminée hydrothermale des dorsales océaniques qui crache des fluides chauds. La teinte dépend de la quantité de particules de sulfure en suspension, ainsi que de leur teneur en sels dissous qui précipitent au contact de l'eau de mer.

G

Gabbro

Roche grenue de couleur vert noirâtre, plus ou moins mouchetée de blanc et principalement composée de cristaux de plagioclase et de pyroxène interstitiel. De même composition chimique que le basalte, le gabbro est une roche qui a cristallisé lentement, en profondeur. (adj. gabbroïque.)

Galápagos

Archipel volcanique de l'océan Pacifique, constitué de quatre îles (Ferdinanda, Wolf, Sierra Negra et Cerro Azul) et issu de l'activité d'un point chaud. Le volcan Ferdinanda y est le plus actif avec 22 éruptions depuis 1813. La dernière débuta le 25 janvier 1995 et permit à la lave d'atteindre l'océan.

Gambier (îles)

Archipel de l'océan Pacifique appartenant au territoire de la Polynésie française. Situées à l'extrémité sud-est de l'archipel des Tuamotu, les îles Gambier furent découvertes par le capitaine James Wilson en 1797.

Garrett

Zone de fracture de la dorsale du Pacifique est (111° 30' W-13° 30' S), sa partie faille transformante est la plus rapide au monde avec un mouvement relatif des deux bordures d'environ 14,5 cm/an.

Gaz volcaniques

Ensemble des émanations gazeuses libérées par un volcan au cours d'une éruption. Les gaz volcaniques sont principalement constitués par les gaz magmatiques, issus exclusivement du magma, auxquels se mélangent d'autres substances comme les gaz atmosphériques ou encore l'eau présente dans le volcan. Les gaz volcaniques sont composés de vapeur d'eau, de gaz carbonique, d'hydrogène, d'oxyde de carbone, d'anhydrite sulfureux, d'hydrogène sulfuré, de méthane et de divers gaz rares.

Géochimie

Étude de la répartition des éléments chimiques et des lois de leur comportement dans les constituants du système solaire (cosmochimie) et principalement ceux de la Terre. (adj. géochimique.)

Géodésie

Étude de la forme de la Terre, de son champ de pesanteur (gravimétrie) et des causes qui le déterminent. (adj. géodésique.)

Géologie

Étude des diverses parties de la Terre directement accessibles à l'observation, ainsi que l'élaboration des théories et des hypothèses visant à en reconstituer l'histoire et à expliquer leur agencement. (n.m. ou f. géologue ; adj. géologique.

Géomorphologie

Partie de la géographie physique ; c'est l'étude de l'évolution des reliefs de la surface terrestre et des causes de celle-ci.

Géophysique

Science visant à appliquer des méthodes physiques à l'étude des diverses enveloppes constituant la Terre, ainsi qu'à étudier les actions physiques distantes qui émanent du globe (champ gravitationnel, champ magnétique).

Géothermie

Chaleur ou énergie thermique dissipée par la Terre. C'est aussi le nom donné à l'étude des propriétés thermiques du globe. (adj. géothermique, géothermal, e, aux.)

Gjà
En terrain volcanique, il s'agit d'une fissure ouverte dont les bords se sont écartés sans subir de déplacement relatif. Mot d'origine islandaise.

Glissement de terrain
Mouvement en masse, plus ou moins rapide, d'une partie du matériel d'un versant.

Goethite
Hydroxyde de fer (FeO-OH) de couleur jaunâtre, rougeâtre, se présentant sous forme de cristaux tabulaires, de prisme ou en concrétions, que l'on trouve en abondance dans les dépôts hydrothermaux de basse température.

Gondwana
Masse continentale ayant existé au cours du Permien (280-230 millions d'années) et du Trias (230-200 millions d'années), et dont la dissociation (il y a 150 millions d'années lors du Jurassique) a donné naissance à l'Amérique du Sud, l'Afrique, Madagascar, l'Inde, l'Australie et l'Antarctique.

Graben
Structure tectonique d'effondrement limitée par des failles normales de même direction. La formation d'un graben nécessite une extension. Mot allemand signifiant « fossé ».

Graine
Partie centrale de la Terre. Solide, d'une densité voisine de 12 g/cm³, elle est composée de fer et de nickel.

Granite
Roche magmatique grenue, très riche en silice, et principal constituant de la croûte continentale. De teinte claire, le granite est composé à 80 % de quartz, de feldspaths alcalins et de plagioclases. Les minéraux secondaires et accessoires sont variés (mica, amphibole, py-roxène, sphène, apatite).

Gravimétrie
Étude de la pesanteur terrestre.

Guyot
Relief sous-marin de forme tronconique, dont le sommet est recouvert de sédiments ou roches d'origine peu profonde. Ces reliefs sont d'anciens volcans dont la partie sommitale fut érodée à la surface de l'océan et qui, transportés par la lithosphère océanique subsidente, se sont progressivement enfoncés.

H

Harzburgite
Péridotite contenant de 40 à 90 % d'olivine et de l'orthopyroxène.

Haut topographique
Partie la plus élevée d'un segment de dorsale, c'est-à-dire l'endroit où l'apport magmatique est le plus intense.

Hétérométrique
Qualifie une roche détritique dont les éléments ont des dimensions très variées.

Homométrique
Dont les dimensions sont voisines. Qualifie une roche détritique dont la taille des éléments varie peu.

Hors-axe
Terme utilisé pour désigner le volcanisme qui se produit sur les flancs proches d'une dorsale océanique et dont l'origine et l'activité sont liées au fonctionnement de cette dernière.

Horst
Structure tectonique haute, limitée par des failles normales de même direction. La formation d'un horst nécessite une extension. Mot allemand signifiant « nid d'aigle ».

Hyaloclastites

Fins fragments de verre volcanique associés aux pillow lavas, issus de la desquamation totale ou partielle de l'enveloppe vitreuse de ces derniers.

Hydromagmatisme

Activité volcanique résultant de l'interaction explosive entre un magma ascendant et les eaux superficielles, quelle que soit leur nature (nappe phréatique, rivière, océan). (adj. hydromagmatique.)

Hydrophone

Appareil servant à capter les ondes acoustiques se propageant dans l'eau.

Hydrothermalisme

Activité liée à la circulation d'eaux chaudes dans le sol, relative à une éruption volcanique, à la cristallisation d'un magma ou aux sources pouvant en résulter. (adj. hydrothermal, e, aux.)

Hydroxyde de fer

Composé chimique contenant du fer, de l'oxygène et de l'hydrogène, de couleur jaune vif à orange brun ; il est abondamment émis par les sources hydrothermales.

Hypersthène

Orthopyroxène contenant du fer et du magnésium (30-50 %).

I

Ignimbrite

Roche formée par l'accumulation de fragments cendro-ponceux de lave acide (riche en silice), soudés ou non, montrant une structure fluidale. Généralement de grand volume, les ignimbrites sont produites lors d'éruptions catastrophiques, comme les nuées ardentes (Montagne Pelée, Mérapi, Saint Vincent), et peuvent couvrir des surfaces considérables (20 000 km² et plus). Dans l'acception moderne du terme, c'est un cas particulier des écoulements pyroclastiques.

Îles Australes

Archipel de la Polynésie française, situé dans l'océan Pacifique sud.

Îles de la Société

Archipel de la Polynésie française, situé dans l'océan Pacifique sud et dont la plus grosse île est Tahiti.

Ilménite

Oxyde de fer et de titane ($FeTiO_3$), se présentant sous forme de minéraux en tablettes, de couleur noire à reflets métalliques, et commun dans les roches ignées telles que les basaltes.

Interstratifié

Qualifie tout matériau qui s'est déposé entre des couches sédimentaires.

Intraplaque

Tout phénomène ou structure volcanique qui apparaît à la surface d'une plaque lithosphérique et dont l'origine ne peut être reliée à l'activité existant aux frontières de celle-ci.

Intrusion

Pénétration et mise en place de roches magmatiques à l'état fluide dans des formations déjà constituées. C'est le cas des dykes à l'aplomb de l'axe des dorsales océaniques ou des massifs granitiques dans la lithosphère continentale. (v. intruder; adj. intrusif, ive.)

Isostasie
Équilibre hydrostatique réalisé à une certaine profondeur de la Terre, dite profondeur de compensation. (adj. isostatique.)

Isotherme
Dont la température est constante. C'est aussi le nom donné à une courbe qui, sur une carte, relie tous les points de même température.

Isotope
Nom donnée à tous les éléments chimiques dont le noyau possède le même nombre de protons mais un nombre différent de neutrons. C'est le nombre de neutrons qui détermine si l'isotope est stable ou radioactif. La radioactivité des rapports de deux isotopes est souvent utilisée pour les datations de matériaux.

J - K

Juan de Fuca
Dorsale océanique de l'océan Pacifique, longue d'un millier de kilomètres, qui prend naissance au large de la côte californienne à 40° N et qui s'enfonce sous la plaque nord-américaine par 51° N.

Kilauea
Volcan situé sur la côte sud de l'île d'Hawaii, dans le Pacifique.

L

Lac de lave
Étendue de lave, contenue à l'intérieur d'une dépression à la surface d'un volcan, et maintenue liquide un certain temps par un afflux permanent de gaz chauds ou de magma. Les lacs de lave occupent généralement les cratères au sommet du conduit éruptif et débor-dant parfois pour alimenter une coulée.

Lagon
Étendue d'eau située à l'intérieur d'un atoll ou entre le rivage et un récif barrière.

Lanthanides
Groupe comportant 15 éléments, dont les propriétés chimiques sont très voisines. Présents en très faible concentration dans les formations géologiques, l'étude géochimique de leur distribution permet de caractériser l'origine des roches ainsi que certains processus ayant conduit à leur formation (cristallisation des magmas). Synonyme de « terres rares ».

Laurasie
Ancienne masse continentale qui comprenait l'Amérique du Nord, le Groenland, l'Eurasie sans l'Inde, et qui se divisa au cours du Crétacé, il y a 90 millions d'années.

Lave
Roche émise par les volcans à l'état liquide ou pâteux, entre 700 °C et 1 200 °C environ, sous forme de coulées d'extension variable ou dans certains cas de dômes couverts de brèches volcaniques.

Leaky transform fault
Faille transformante dont les deux bordures ont tendance à s'éloigner l'une de l'autre, permettant ainsi l'intrusion de magma et l'apparition d'une activité volcanique réduite sur le plancher de la faille.

Lherzolite
Péridotite contenant de 40 à 90 % d'olivine, de l'ortho- et du clinopyroxène.

Liquidus

Limite, dans le cas d'une température ascendante, à partir de laquelle un magma devient complètement liquide, c'est-à-dire que tous les cristaux qu'il contenait ont été fondus. Dans le cas d'une température descendante, cette limite marque le début de cristallisation (apparition des premiers cristaux) d'un magma.

Litage

Pour une roche, ou un terrain, comporter des lits dont l'origine s'explique par un processus de sédimentation.

Lithologie

Nature des roches d'une formation géologique. (adj. lithologique.)

Lithosphère

Couche superficielle du globe terrestre, épaisse d'environ 70 km en moyenne sous les océans et 150 km en moyenne sous les continents, la lithosphère comprend la croûte et une partie du manteau supérieur. La lithosphère est divisée en plaques mobiles les unes par rapport aux autres, flottant et se déplaçant sur l'asthénosphère ductile. (adj. lithosphérique.)

M

Macdonald

Volcan sous-marin (140° 15' W-29° 00' S) de l'océan Pacifique, actuellement en activité. Situé à l'extrémité orientale de l'archipel des îles Australes, il marque l'emplacement d'un point chaud, actif depuis au moins 12 millions d'années, qui a donné naissance à l'archipel.

Magma

Liquide silicaté à haute température (> 600 °C), résultant en roches grenues par refroidissement lent en profondeur (roches plutoniques) ou en laves par refroidissement rapide en surface (roches volcaniques). (adj. magmatique; n.m. magmatisme.)

Manteau

Enveloppe terrestre située entre la croûte et le noyau. On distingue le manteau supérieur et le manteau inférieur. C'est dans le manteau que se situent les grands courants de convection à l'origine du mouvement des plaques lithosphériques. (adj. mantellique.)

Marge continentale

Bordure immergée d'un continent, faisant le raccord avec les fonds océaniques. On distingue les marges passives, où fonds océaniques et continents font partie de la même plaque lithosphérique (façade Atlantique de l'Amérique du Sud), et les marges actives où la croûte océanique s'enfonce par subduction sous le continent (façade Pacifique de l'Amérique du Sud).

Mauna Loa

Volcan actif situé sur l'île d'Hawaii. C'est le plus gros volcan terrestre connu, avec plus de 9 500 m de hauteur totale. Son sommet culmine à 4 170 m au-dessus du niveau de la mer.

Mehetia

Île volcanique située à l'extrémité orientale de l'archipel des îles de la Société. Culminant à 435 m, elle représente le sommet d'un volcan sous-marin de plus de 4 000 m de hauteur. C'est l'île la plus récente de l'archipel dont la plus récente activité fut datée à environ 25 000 ans.

Métamorphisme

Transformation d'une roche à l'état solide sous l'effet d'une élévation de température et/ou de pression. Le métamorphisme conduit à l'apparition de nouveau minéraux, dits néoformés, et à l'acquisition de textures et structures particulières. (adj. métamorphique.)

Microlite
Petit cristal en prisme allongé, non visible à l'œil nu, principal constituant des roches magmatiques volcaniques. (adj. microlitique.)

Miroir de faille
Surface de frottement engendrée par une faille, plus ou moins plane et rectiligne, dégagée par l'érosion et sur laquelle on peut observer des tectoglyphes indiquant le sens et la direction du mouvement relatif des deux compartiments rocheux.

Moho
Nom courant de la discontinuité de Mohorovicic, seule discontinuité sismique à être exposée à l'air libre (ophiolites, zones de fracture). Une distinction est faite entre un Moho pétrologique, correspondant à l'apparition des roches constituant le manteau supérieur, et un Moho géophysique, correspondant à une variation de la vitesse de propagation des ondes sismiques.

Mont sous-marin
Relief sous-marin, d'au moins 50 m de hauteur et de forme équante, c'est-à-dire ne présentant aucune orientation préférentielle. Dans la pratique, le mont sous-marin est en fait un édifice volcanique, souvent désigné par l'anglicisme « seamount ».

MORB (Mid-Ocean Ridge Basalt)
Acronyme couramment utilisé pour désigner les basaltes qui s'épanchent à l'axe des dorsales et qui constituent la couche superficielle de la croûte océanique.

Mururoa
Atoll de l'archipel des Tuamotu, dans l'océan Pacifique, situé à 139° W et 21° 50' S ; célèbre car il fut le site d'expériences d'explosions atomiques.

Mush
Mélange de magma (liquide) et de cristaux (solide) formant une espèce de bouillie à l'intérieur d'une poche magmatique.

Mylonite
Roche broyée plus ou moins finement par les forces tectoniques agissant, en l'occurrence, le long des failles. (n.m. mylonitisation; adj. mylonitique; mylonitisé, e.)

Mylonitisation
Il s'agit du processus de déformation d'une roche qui a subi d'importantes contraintes mécaniques dûes à des forces tectoniques orientées dans une même direction (voir mylonite).

N

Néodyme
Métal blanc du groupe des lanthanides, ayant pour symbole chimique Nd.

Néogène
Qui vient d'être formé. Se dit des pyroclastes issus du refroidissement des paquets de magma frais, pulvérisés lors d'une éruption explosive.

Néphéline
Minéral riche en sodium appartenant à la famille des feldspathoïdes, des silicates voisins des feldspaths mais moins riches en silice. (adj. néphélinique.)

Noyau
Enveloppe terrestre située entre le manteau et la graine, constituée essentiellement de fer. Le noyau est la seule

partie liquide du globe, au regard de la propagation des ondes sismiques.

O

Océan

Vaste étendue d'eau salée à la surface de la Terre. La majeure partie des fonds des océans est constituée de croûte océanique, c'est pourquoi les géologues et géophysiciens ont pour habitude de parler d'océan pour tout domaine ayant une croûte de cette nature. (adj. océanique.)

Olivine

Minéral vert olive, se présentant sous forme de prismes trapus ou en grains, constitué par du silicate de magnésium et de fer. L'olivine est le composant principal des péridotites qui forment le manteau supérieur.

Ophiolite

Ensemble de roches magmatiques, basiques et ultrabasiques, présentes dans les chaînes de montagnes et représentant des fragments de lithosphère océanique, transportés sur un continent ou sur un arc insulaire, à la suite de la convergence de plaques tectoniques. (adj. ophiolitique.)

Orongo

Zone de fracture marquant la bordure sud de la microplaque de l'île de Pâques.

Orthopyroxène

Variété de minéral pyroxène cristallisé dans le système orthorhombique qui, en général, ne contient pas de calcium.

OSC (Overlapping Spreading Center)

Lorsque deux segments de dorsales sont décalés par une discontinuité topographique sans faille transformante et dont leurs extrémités se recouvrent l'une vers l'autre dû à un apport magmatique qui se propage le long de l'axe d'accrétion. Ce type de structure caractérise surtout les dorsales à taux d'accrétion intermédiaire et rapide, tels les segments de dorsale du Pacifique est.

P

Pahoehoe

Mot d'origine hawaiienne utilisé par les peuples polynésiens pour désigner l'aspect satiné de certaines roches volcaniques ou coulées. Par extension, ce mot désigne les coulées à surface lisse ou peu ridée.

Palagonite

Verre volcanique hydraté de couleur jaune. (adj. palagonitisé.)

Paléogéographie

Géographie des époques passées. La paléogéographie vise à reconstituer un milieu donné en tenant compte de toutes les déformations tectoniques subies par ce milieu depuis l'époque considérée. (adj. paléogéographique.)

Paléomagnétisme

Ensemble de toutes les variations, d'intensité et de polarité, que le champ magnétique terrestre a connu dans le passé (voir « anomalie magnétique »). Cette information est enregistrée par les minéraux riches en fer, comme la magnétite (Fe_3O_4), contenus généralement dans les roches volcaniques. (adj. paléomagnétique.)

Panache

Colonne chaude de matière prenant naissance dans le manteau et produisant des magmas qui vont s'épancher à la surface du globe, au niveau d'un point chaud, après avoir traversé une plaque lithosphérique.

Pangée
Masse continentale unique ayant existé au Permien (280-230 millions d'années) et au Trias (230-200 millions d'années) et qui se divisa au cours de la période Jurassique (200-140 millions d'années).

Panthalassa
Océan unique de la fin de l'ère primaire, qui se partageait la surface du globe terrestre avec la Pangée.

Pélite
Terme désignant toute roche sédimentaire d'origine détritique à grains très fins. Les pélites sont souvent des roches argileuses formant une pâte avec l'eau. (adj. pélitique.)

Percolation
Déplacement lent et laminaire d'un fluide (eau, gaz) au travers des vides présents à l'intérieur d'un matériau poreux. (v. percoler.)

Péridotite
Roche magmatique grenue, riche en magnésium et silicium, jaune sombre à noirâtre, d'aspect huileux et contenant 90 à 100 % de minéraux ferromagnésiens (olivine, pyroxène). Les péridotites sont les composants essentiels du manteau supérieur. (adj. péridotitique.)

Pétrologie
Science de la description, de la classification et de l'interprétation de la genèse des roches. (adj. pétrologique.)

Picrite
Roche ultrabasique microlitique de couleur sombre, très riche en minéraux ferromagnésiens (olivine, pyroxène). (adj. picritique.)

Pillow lava
Roche volcanique à l'aspect arrondi et tubulaire, issue de l'épanchement et du refroidissement rapide d'une coulée de lave sous l'eau.

Pinacle
Formation rocheuse escarpée formée par l'érosion, surtout visible sur les édifices volcaniques anciens des archipels tels que l'île de Bora-Bora.

Pitcairn
Île du Pacifique sud, formant un alignement avec les atolls de Mururoa, Fangataufa et les îles Gambier. Pitcairn, île récente née de l'activité d'un point chaud, est plus connue pour avoir abrité et caché les révoltés de la *Bounty*, il y a de cela 200 ans.

Plagioclase
Variété de feldspath contenant uniquement du sodium et du calcium.

Plaine abyssale
Région océanique formée de vastes surfaces planes, située entre 4 000 et 5 500 m de profondeur.

Plan de Benioff
Zone de faible épaisseur, grossièrement plane, où se répartissent les séismes à proximité des fosses océaniques. Les séismes y sont repérables jusqu'à 700 km de profondeur, à la limite manteau supérieur-manteau inférieur. Le plan de Bénioff traduit la subduction d'une lithosphère océanique sous une lithosphère continentale, avec un angle de plongement compris entre 15° et 75°.

Plancher océanique
Fond des océans.

Plaque lithosphérique
Fragment rigide de lithosphère, épais d'une centaine de kilomètres, pouvant se déplacer sur l'asthénosphère visqueuse. On dénombre généralement douze principales grandes plaques à la surface du globe, et quelques microplaques.

Pluton
Massif de roches magmatiques grenues (dont les cristaux sont visibles à l'œil nu), ayant cristallisé lentement en profondeur et homogène dans de grands volumes. (adj. plutonique.)

Point chaud
Zone de remontée de magma profond, le long d'une colonne ascendante, entraînant l'apparition d'un volcanisme à la surface des plaques lithosphériques. Indépendant du mouvement des plaques, l'activité des points chauds se fait principalement dans le domaine intraplaque. Ils sont à l'origine d'archipels volcaniques tels que Hawaii ou la Société.

Polymétallique
Qui renferme, dans des proportions variables, une plus ou moins grande variété de métaux.

Ponce
Roche volcanique, riche en silice, contenant une très grande quantité de vésicules qui lui confère une faible densité, en principe inférieure a celle de l'eau.

Porphyrique
Qualifie une roche contenant des cristaux d'une dimension nettement supérieure à l'ensemble des autres minéraux.

Prehnite
Alumino-silicate riche en calcium. Voisin des zéolites, il se trouve dans les roches basiques ayant subi un métamorphisme faible.

Pseudo-stratification
Terme utilisé pour décrire l'aspect stratiforme des parois des lacs de lave sous-marins. Il ne s'agit là en aucun cas de strates, mais de fragments de lave abandonnés sur la paroi après vidange du lac.

Pyrite
Sulfure de fer (FeS_2) largement présent dans les filons hydrothermaux et dans certaines roches magmatiques.

Pyroclaste
Fragment de roche produit lors d'une activité volcanique explosive. Un pyroclaste n'est pas nécessairement d'origine magmatique, mais peut aussi bien être un fragment de l'encaissant cristallin, métamorphique ou sédimentaire. (adj. pyroclastique.)

Pyroxène
Silicate riche en fer et magnésium (30-50 %), contenant en proportions variées du calcium et du sodium. Famille complexe de minéraux qui se présentent généralement sous forme de prismes allongés de couleur noire à éclat métallique. On distingue le clinopyroxène (système cristallin monoclinique), qui seul contient du calcium, et l'orthopyroxène (système cristallin orthorhombique). (adj. pyroxénique.)

Pyroxénite
Roche plutonique constituée presque essentiellement de pyroxènes.

Q - R

Quartz
Variété de silice se présentant sous forme de cristaux limpides ou troublés par des inclusions. C'est un minéral

que l'on trouve dans les roches magmatiques et métamorphiques saturées en silice.

Radiolarite
Roche formée de radiolaires, petits organismes microscopiques marins (protozoaires) à squelette siliceux.

Rejeu
Mouvement répété de deux blocs rocheux formant les bordures d'une faille.

Rhéologie
Étude du comportement de la matière qui s'écoule en fonction de sa plasticité, de son élasticité et de sa viscosité, lorsqu'elle est soumise à des déformations, des contraintes et des pressions.

Rift
Fossé d'effondrement (graben) linéaire, de plusieurs centaines ou milliers de kilomètres de long, délimité par des bords surélevés et affecté par une activité volcanique plus ou moins importante. En domaine marin, le rift désigne l'axe des dorsales océaniques. Le rift hawaiien est une zone d'alimentation magmatique privilégiée des grands volcans boucliers.

Rift zone (ou zone de rift)
Dépression ou vallée bordée de failles normales. Terme souvent utilisé pour indiquer la zone d'accrétion au niveau de dorsales lentes. Normalement plus importante qu'un graben.

S

Scorie
Fragment de lave vacuolaire, hérissé de pointes et d'arêtes, formé lors des explosions volcaniques ou à la surface des coulées. (adj. scoriacé, e.)

Sédiment
Dépôt plus ou moins bien stratifié, comprenant des particules ou des matières précipitées ayant subi un certain transport. Les matériaux peuvent, par exemple, provenir de l'érosion de roches plus anciennes, ou d'une activité biologique (coquilles calcaires ou siliceuses). (adj. sédimentaire; v. sédimenter.)

Sédimentologie
Étude des phénomènes et des roches sédimentaires.

Segment de dorsale
Section de dorsale océanique comprise entre deux zones de fracture.

Séisme
Secousses, ou série de secousses, plus ou moins violentes du sol, provoquées par un brusque relâchement de contraintes profondes, se manifestant par le glissement de deux blocs le long d'un plan de faille. (n.f. séismicité ou sismicité; adj. séismique ou sismique.)

Semicircular (mont)
Volcan sous-marin hors-axe (103° 54' W-12° 43' N) situé à l'est de la dorsale du Pacifique est.

Serpentine
Silicate de magnésium hydraté ; c'est un minéral de couleur vert pétrole à vert noirâtre, se présentant en lamelles ou en fibres. Provenant de l'altération ou du métamorphisme de l'olivine et de certains pyroxènes contenus dans les roches basiques et ultrabasiques, il évoque souvent l'aspect d'une peau de serpent. (adj. serpentinisé, e.)

Sheet flow
Lave de nature très fluide, avec une surface plutôt lisse, formant des coulées de laves plates et de type lobé.

Silice
Oxyde de silicium (SiO_2). (adj. siliceux, se; silicaté, e.)

Sismologie
Étude des tremblements de terre naturels ou artificiels, ou plus généralement de la propagation des vibrations dans la Terre.

Slump
Avalanche de roches le long d'une pente associée, générée par un mouvement tectonique ou une éruption volcanique.

Smectite
Minéral argileux ayant des teneurs variables en sodium, aluminium, fer et magnésium.

Soufre
Élément chimique de symbole S. Le soufre est présent dans les gaz et fumerolles volcaniques. Il est un des constituants majeurs des dépôts fumerolliens et hydrothermaux. On le trouve aussi dans certaines roches sédimentaires, où des lits de soufre sont dus à l'action chimique de bactéries.

Southeastern (mont)
Volcan sous-marin hors-axe (103° 51' W-12° 43' N) situé à l'est de la dorsale du Pacifique est.

Sphalérite
Synonyme de blende, sulfure de zinc (ZnS) que l'on trouve principalement dans les filons et les dépôts d'origine hydrothermale.

Sphène
Silicate de calcium et de titane, il se présente sous la forme de cristaux en « toit de maison », à éclat jaune-miel, brun ou rougeâtre. C'est un minéral accessoire, très répandu dans les roches magmatiques et métamorphiques.

Spinel
Minéral composé essentiellement d'oxyde d'alluminium, de fer et de magnésiun qui est souvent utilisé comme gemme.

Stockwork
Dépôt minéral à l'intérieur d'une roche hôte, occupant un certain volume, formé par un ensemble de veines et veinules dont la concentration est suffisante pour permettre une exploitation minière.

Stratification
Disposition des sédiments en couches distinctes, ou strates, séparées par des surfaces ou plans de stratification. (adj. stratifié, e.)

Stratiforme
Qualifie une structure visible dans des roches non sédimentaires, ressemblant à une stratification.

Strato-volcan
Édifice volcanique de grande dimension, formé par un empilement alterné de niveaux pyroclastiques et de coulées, au cours d'une très longue période d'activité pouvant dépasser un million d'années.

Strombolien
Qualifie une activité volcanique faite d'explosions rythmiques au cours desquelles les gaz s'échappent en emportant avec eux des fragments de magma qui, par accumulation autour de la bouche éruptive, finissent par former un cône de scories (cône strombolien). Ce nom provient du volcan Stromboli (îles Éoliennes) dont la répétition cyclique des explosions n'a pratiquement pas changé (une explosion toutes les 20 minutes en moyenne) depuis le début de la période historique, soit environ 2 000 ans.

Subduction
Enfoncement d'une portion de plaque lithosphérique dans le manteau, au niveau d'une fosse océanique. (adj. subduit, e.)

Subsidence
Enfoncement progressif du fond d'un bassin sédimentaire. Ce terme s'applique aussi à la lithosphère océanique dont la profondeur s'accroît à mesure qu'elle s'éloigne de la dorsale où elle s'est formée. (adj. subsident, e.)

Sulfure
En géologie, minéraux caractérisés par le radical S^{2-}. Les sulfures hydrothermaux présents sur les dorsales océaniques sont principalement la pyrite FeS_2, la chalcopyrite $CuFeS_2$, la blende ZnS et la galène PbS.

T

Taux d'expansion
Vitesse avec laquelle s'écartent deux plaques, mesurée au niveau des dorsales océaniques et exprimée en centimètres par an. Le taux le plus fort du monde est détenu par la dorsale du Pacifique est, avec environ 18 cm/an.

Teahitia
Volcan sous-marin (148° 50' W-17° 35' S) du point chaud des îles de la Société.

Tectoglyphe
Empreintes mécaniques diverses, visibles sur les plans de faille, générées par frottement lors du mouvement relatif de deux blocs rocheux.

Tectonique
Ensemble des mouvements et déformations qui ont affecté les terrains géologiques après leur formation.

Tectonique des plaques
Théorie selon laquelle l'enveloppe superficielle de la Terre, la lithosphère, est divisée en plaques rigides d'une centaine de kilomètres d'épaisseur, mobiles les unes par rapport aux autres, dérivant sur l'asthénosphère visqueuse et ductile.

Tectonite
Roches dont la structure particulière a été obtenue à la suite d'une déformation tectonique.

Téthys
[Du grec *Téthus,* déesse de la mer]. Ancienne mer qui se trouvait située entre l'Eurasie et l'Afrique au cours des ères secondaire et tertiaire. Elle occupait approximativement l'emplacement de l'actuelle Méditerranée. (adj. téthysien, ne.)

Trachyte
Roches magmatiques effusives, de teinte claire, riches en silice et en alcalins. Ces laves sont généralement visqueuses et forment des dômes et des pitons qui recouvrent la bouche éruptive. (adj. trachytique.)

Trachyandésite
Roche effusive de teinte grise ayant une composition intermédiaire entre trachybasalte et trachyte. Lave visqueuse composée de feldspath et de feldspathoïde.

Trachybasalte
Roche extrusive de composition intermédiaire entre trachyte et basalte et qui contient des feldspaths et des pyroxènes.

Trapdoor
Excroissance à la surface d'un pillow lava, formée par fracturation et soulèvement d'une partie de sa surface sous la pression de la lave.

Troctolite
Variété de gabbro contenant de l'olivine en abondance et de très rares pyroxènes.

Tuf
Roche formée par des cendres volcaniques ou des dépôts pyroclastiques consolidés.

Tumulus
Bombement de la croûte superficielle solidifiée, causé par la pression exercée par une coulée de lave sous-jacente.

Turoi
Volcan sous-marin (148° 56' W-17° 32' S) du point chaud des îles de la Société.

U - V

Ultramafique ou ultrabasique
Qualifie des roches magmatiques grenues contenant moins de 45 % de silice et très riches en magnésium, fer et calcium. Les roches ultramafiques, proches des gabbros et des basaltes (roches basiques), ont une teinte très sombre et comprennent plus de 90 % de minéraux ferromagnésiens (olivine, pyroxène, amphibole).

Vacuoles
Cavités, millimétriques à centimétriques, présentes à l'intérieur des roches, pouvant être vides ou remplies par des minéraux différents de ceux de la roche elle-même.

Verre volcanique
Roche non cristallisée, de teinte sombre et à cassure conchoïdale, résultant du refroidissement rapide d'un magma, au contact de l'eau par exemple.

Volcan
Relief résultant de l'accumulation de roches volcaniques autour d'une bouche éruptive.

Volcan bouclier
Édifice volcanique de grande dimension, ayant une forme de cône surbaissé dont la silhouette rappelle celle d'un bouclier posé à plat sur le sol. Ces volcans sont produits par une accumulation de laves fluides au cours du temps, autour d'un axe éruptif situé à l'aplomb du sommet. Ils constituent les plus hauts reliefs du globe (plus de 9 500 m de hauteur pour le Mauna Loa à Hawaii).

Volcanologie ou vulcanologie
Étude des volcans.

W - X - Y

Wehrlite
Péridotite contenant de 40 à 90 % d'olivine et du clinopyroxène.

Western (mont)
Volcan sous-marin hors-axe (103° 52' W-11° 30' N) situé à l'ouest de la dorsale du Pacifique est.

Xénolite
Enclave à l'intérieur d'une roche magmatique. Nomme aussi les fragments de roche encaissante arrachés lors des explosions volcaniques.

Zéolite
Famille de silicates d'alumine calciques ou alcalins, riches en eau, tapissant ou remplissant les vacuoles et les fissures des roches magmatiques, faiblement métamorphiques et plus rarement sédimentaires. Les zéolites se présentent souvent sous forme de minéraux fibroradiés, de couleur blanchâtre.

Zonation

Dans une formation géologique (un sol ou un cristal), existence de différents niveaux (ou couches) de composition chimique distincte.

Zone de fracture (ou *fracture zone*)

Relief linéaire représentant la partie fossile, inactive, d'une faille transformante. Les zones de fracture affectent l'ensemble des plaques lithosphériques et découpent les dorsales océaniques perpendiculairement à l'axe de celles-ci.

Zone de transition

Région située dans la partie basse de la lithosphère, où les résidus de la fusion partielle du manteau se déposent et forment les péridotites de type harzburgite et lherzolite (voir harzburgite et lherzolite).

Campagnes photographiques

Les photographies sous-marines ont été prises
lors des campagnes océanographiques suivantes :

campagne *Cyatherm* 1982, chef de mission R. Hekinian,
© Ifremer-*Cyana*/Campagne *Cyatherm* 1982 ;

campagne *Geocyarise 1* 1984, chef de mission V. Renard,
© Ifremer-*Cyana*/Campagne *Geocyarise 1* 1984 ;

campagne *Geocyarise 3* 1984, chef de mission R. Hekinian,
© Ifremer-*Cyana*/Campagne *Geocyarise 3* 1984 ;

campagne *Teahitia II* 1989, chef de mission J.-L. Cheminée IPGP,
© Ifremer-*Cyana*/Campagne *Teahitia II* 1989 ;

campagne *F.S. Sonne* 1987 et 1989, chef de mission P. Stoffers,
© P. Stoffers/Campagnes *F.S. Sonne 47* et *65* ;

campagne *Garrett* 1991, chef de mission R. Hekinian,
© Ifremer-*Nautile*/Campagne *Garrett* 1991 ;

campagne *Hero* 1991, chef de mission D. Desbruyeres,
© Ifremer-*Nautile*/Campagne *Hero* 1991 ;

campagne *Oceanaut* 1995, chef de mission D. Bideau,
© Ifremer-*Nautile*/Campagne *Oceanaut* 1995 ;

campagne *Polynaut* 1999, chef de mission J. Dubois IPGP,
© Ifremer-*Nautile*/Campagne *Polynaut* 1999.

Crédit des illustrations

Les figures et les photographies provenant de l'ouvrage de Hekinian R.,
P. Stoffers & J-L. Cheminée, (édit.) 2004, *Oceanic Hotspots,* Springer-Verlag,
Heidelberg (Germany) ont pu être utilisées grâce à l'aimable permission
de *Springer Science and Business Media* (Heidelberg, Allemagne).

Sont issues du chapitre 5 de cet ouvrage :
les figures 24, 25B et 36A correspondant aux figures 5.2a, 5.2b (page 159)
et 5.14a (page 184) ;
les photographies 82, 74, 64, 84, 79, 76, 75, 93, 92, et 102 correspondant aux figures
5.8a, 5b, 5e, 5f, 5g, 5h, 5j, 5m, 5n, 5p (pages 172 et 173).
La photographie 97 correspond à la figure 2.7c (page 46) issue du chapitre 2
de l'ouvrage cité.

La photographie 81A correspond à la figure 5a (page 437) précédemment publiée
par Bideau D., R. Hekinian, B. Sichler, E. Garcia, C. Bollinger, M. Constantin
& C. Guivel. 1998, Contrasting volcanic-tectonic processes during the past 2 Ma on
the Mid-Atlantic Ridge: Submersible mapping, petrological and magnetic results at
lat. 34°52'N and 33°55'N. *Mar. Geophys. Res.,* 20 : 425-458.

Édition
Rachel Vincent, 34070 Montpellier

Maquette, mises en pages et couverture
Éditions Quæ

Fichier préparé par Nicolas Perrier, société 4P
Imprimé pour vous par Libri Plureos GmbH (Allemagne)